戴·时节

中国节气文化中的珠宝讲究

《戴·时节》编委会　编
陈　珊　徐　斌　大梨儿　主　编

云南出版集团
云南科技出版社
·昆　明·

图书在版编目（CIP）数据

戴·时节 /《戴·时节》编委会编. -- 昆明：云南科技出版社, 2021.7
ISBN 978-7-5587-3673-5

Ⅰ. ①戴… Ⅱ. ①戴… Ⅲ. ①本册②二十四节气—基本知识 Ⅳ. ①TS951.5②P462

中国版本图书馆CIP数据核字(2021)第148661号

戴·时节
DAI·SHIJIE
《戴·时节》编委会　编

责任编辑：洪丽春　曾　芫　张　朝
营销编辑：龚萌萌
封面设计：大梨儿
责任校对：张舒园
责任印制：蒋丽芬

书　　号：ISBN 978-7-5587-3673-5
印　　刷：昆明美林彩印包装有限公司
开　　本：889mm × 1194mm　1/32
印　　张：9.25
字　　数：270千字
版　　次：2021年7月第1版
印　　次：2021年7月第1次印刷
定　　价：68.00元

出版发行：云南出版集团　云南科技出版社
地　　址：昆明市环城西路609号
电　　话：0871-64190889

目录

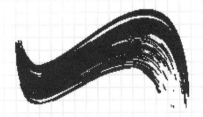

立春

二月三日至五日期间

万物始新
立春

2月3日至5日期间　立春

汉宫春·立春日

宋·辛弃疾

春已归来，看美人头上，袅袅春幡。无端风雨，未肯收尽余寒。

年时燕子，料今宵，梦到西园。浑未办、黄柑荐酒，更传青韭堆盘。

却笑东风从此，便薰梅染柳，更没些闲。闲时又来镜里，转变朱颜。

清愁不断，问何人、会解连环。生怕见、花开花落，朝来塞雁先还。

立春时节，冰雪消融。

春寒料峭中酝酿一派生机，时值万象更新。一点绯红，更添一年好兆头。

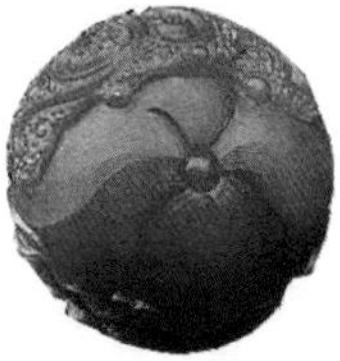

阴历一月份天寒地冻，是虎（寅）月，天地间的五行是木和火，但由于天气太冷，木火没有地方生发，所以这时候适宜戴南红“抗寒”。

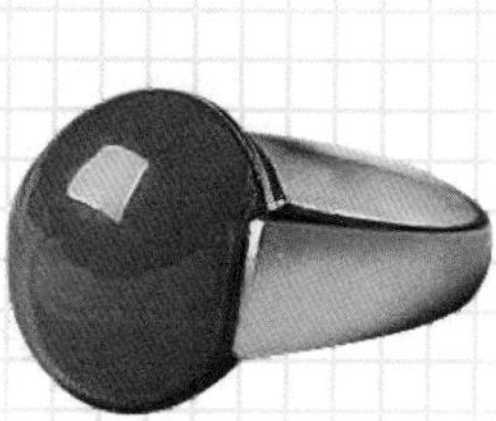

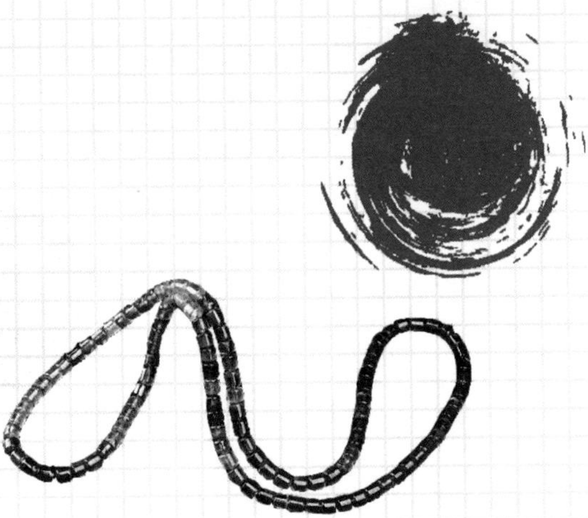

立春戴南红

·保平安

佛教中的七宝赤珠（真珠）就是指的南红玛瑙，佛教密宗认为，南红是一种可以与神灵沟通的奇异石头，拥有者长期佩戴可以驱邪避灾、护身平安。

立春有岁首拜太岁的古老传统习俗，旨在祈福纳吉、化煞消灾。而对于本命年犯煞的人来说，红色的首饰寓意驱魔辟邪，迎来鸿运。

·招财富

在民间有“家有南红，世代不穷”的说法，南红是保持家庭和谐相处的宝石，更有旺夫、招财的寓意。已婚女性佩戴上一串保山南红不仅彰显了品味，还提升了气质，让佩戴者富有灵性。

·身长健

作为天然玉石，南红中含有丰富的微量元素和矿物质。佩戴南红对女人而言，可改善内分泌，加强血液循环，让气色变好，焕发容光。

在古时，人们会将南红入药，促进血液循环，治疗隐疾。现代人虽然不会再把它当药材吃，但是通过贴身佩戴，让皮肤吸收其中的有益元素，以达到调理身体，缓解病痛的目的。

· 忌碰摔

南红的硬度一般在6.5到7之间，原石大件的很少，成品都是小件为主。在佩戴的时候一定要小心，切勿摔碰，否则一不小心摔裂了，就损失大了。

· 忌碰油污

有的人经常佩戴南红习惯了，懒得摘下，进厕所、进厨房都随身戴着，这就导致了各种脏东西浸到了南红里面。

比如油渍，南红虽然可以用油保养，但其实有时还是忌油的，特别是像烧菜的这种有颜色的油，油干后会留有油痕。

· 忌长期不清理

当南红沾染上脏东西或灰尘的时候，如果还置若罔闻，长久以往，南红的颜色就会发污发暗。

南红的清洗可以用清水，或者混入少量的盐水，清洗完成后需要用软布擦拭。

· 忌高温

南红玛瑙内部物质中含有的水分需要精心保养，否则会导致南红玛瑙内部失水开裂就不好了。

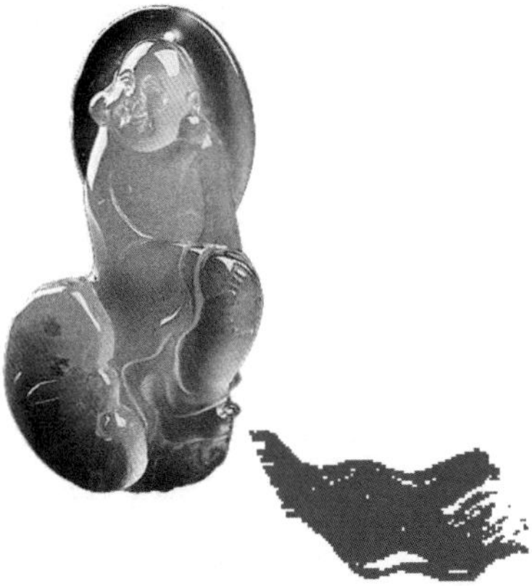

南红玛瑙养生之说历史悠久，中医早有入药之记载。其除中热、润心肺、助声喉、滋毛发、养五脏、安魂魄、疏血脉、明耳目，更有说南红玛瑙暖人手脚，帮助佩戴者驱寒。

立春时节，寒冬始逝。且不论南红玛瑙养生之能，单凭这喜人的红色，温润的质地，也许能给你的春之序章带来一个温暖的起始符。

立春纪事

春雨惊春清谷天

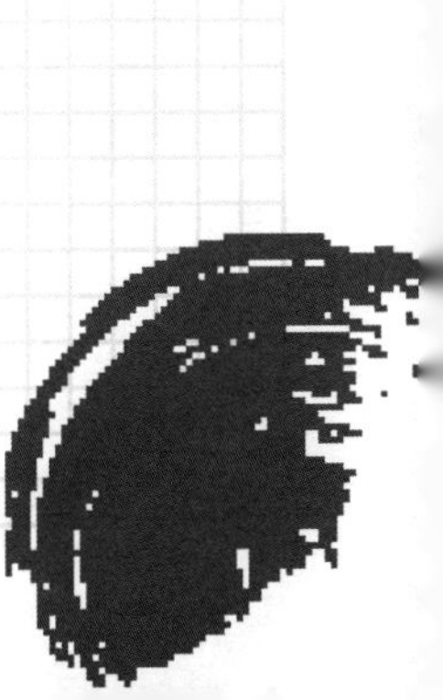

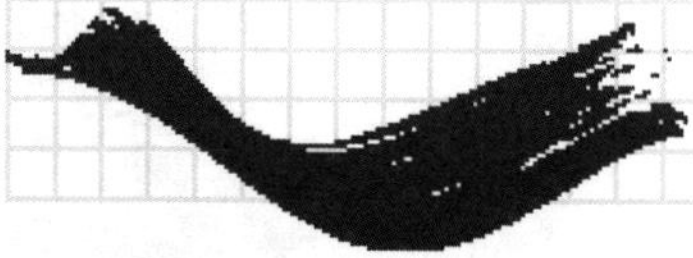

雨水

二月十八日至二十日期间

雨水初降草木萌动

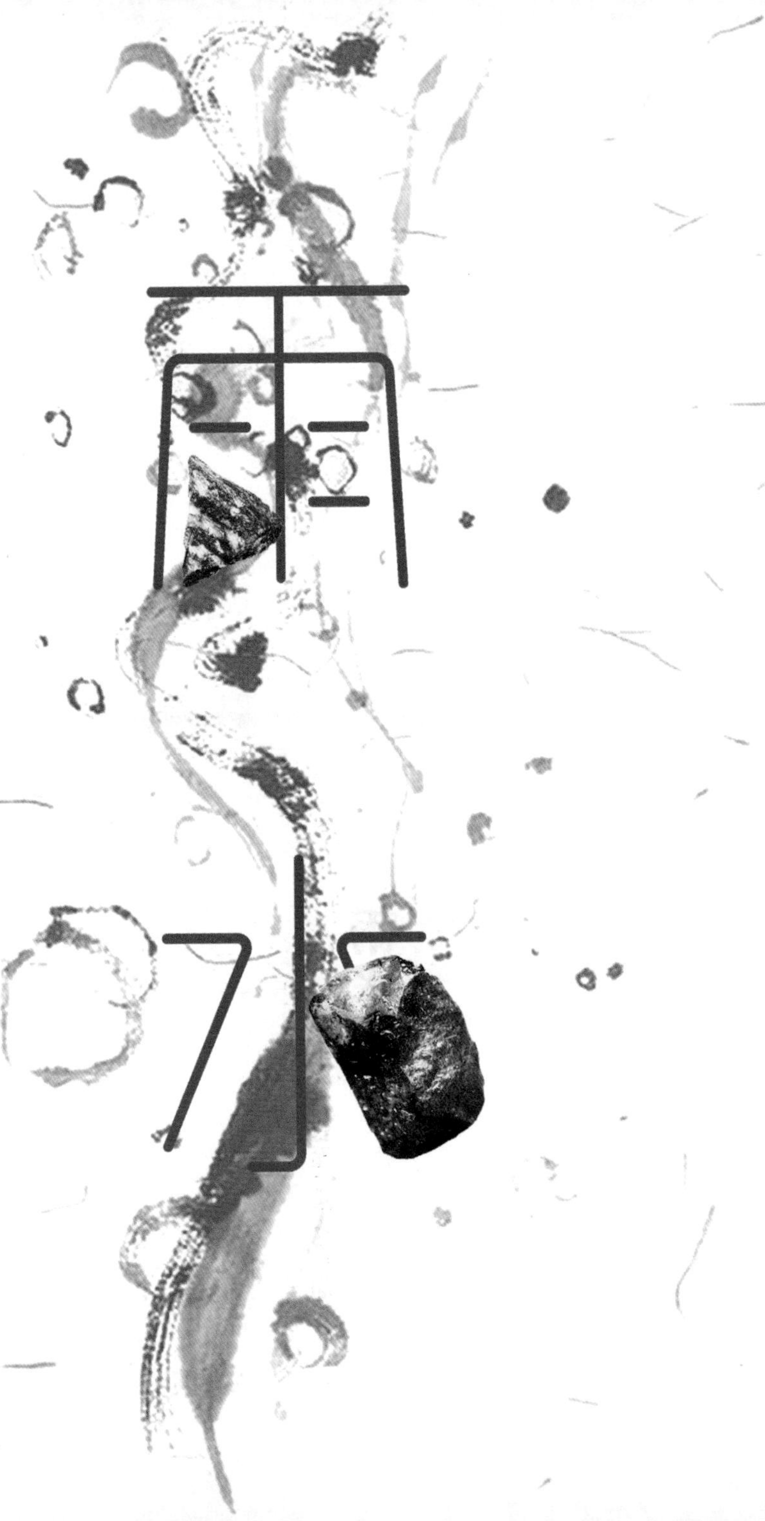

2月18日至20日期间 雨水

咏廿四气诗·雨水正月中

唐·元稹

雨水洗春容，平田已见龙。

祭鱼盈浦屿，归雁过山峰。

云色轻还重，风光淡又浓。

向春入二月，花色影重重。

雨水初至，草长莺飞。

春的气息越来越浓，寒气慢慢开始消散。春雨开始随风潜入夜，一点姹紫，润物细无声。

舒俱来被誉为“千禧之石”，也是阳历二月份的生辰幸运石。

舒俱来石，又名苏纪石、杉石。

日本岩石学家杉健一首次发现并于1944年描述这种矿物，苏纪石也因此另称为杉石。

1974年苏纪石被确认为一个独立的矿种。

外观呈各种不透明的深浅紫与紫红色交织，有时甚至深至黑色，其颜色容易因为长久佩带而加深光彩。

苏纪石被首次发现于日本濑户内海的岩城岛。南非北开普省的韦瑟尔斯矿场是苏纪石最重要的出产地之一。此外，在加拿大魁北克、意大利托斯卡纳及利古里亚、澳大利亚新南威尔士以及印度中央邦也陆续有发现苏纪石的报告。

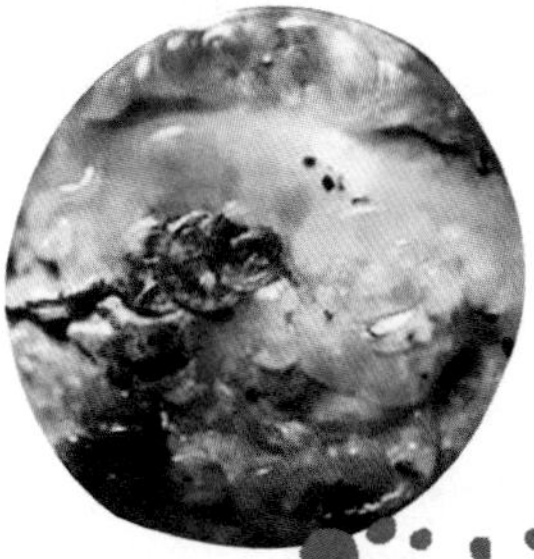

雨水戴舒俱来

·清除负能量

舒俱来石能清除、净化全身脉轮负能量，据说能消除因果业障，亦能改善因果业力导致的无名疾病，被称为“因果石”。舒俱来石的能量悠远而绵长，沿着脊椎，由上而下流动，可以开启、平衡、净化全身七个气轮，促进细胞更新，对免疫力的加强极有帮助。

雨水节气中，地湿之气渐升，早晨时有露霜。舒俱来益于祛风除湿，调和气血运行。

·晶体治疗

德国水晶治疗师海嘉·宝汀娜指出：舒俱来石对癌症、肿瘤等具有保健的效益，造成化疗病人的抢购风潮，是最理想的护身石之一。舒俱来石的颜色变化多端，经由体温气场盘养，可以见到它美丽的走色过程。

·得智慧

舒俱来对应顶轮，有慈悲、灵性和智慧的能量特性，有助于平衡暴怒、忧郁、沮丧、悲哀等极端情绪，帮助恢复正常，帮助人于身心灵中取得平衡与协调，有助于个人的灵性进化。情绪平和，心态乐观，自然会赢得良好的人际关系。

·忌碰撞

舒俱来石的硬度是6~6.5，在宝石中不算很高。因此要注意不要把舒俱来宝石和其他的饰品放在一起，避免碰撞，造成不可修复的刮痕。

·忌碰化学剂

在做家务、工作的时候，尽量别戴，因为化学药剂对舒俱来的腐蚀性特别大。

·注意定时净化

有一种说法将舒俱来归于水晶一类，因此和水晶一样，建议每个月为舒俱来宝石至少磁化净化一次。以保证舒俱来功效作用的正常发挥。

因其表面洁亮如镜，为免汗渍、油垢沾染，而失去光泽，建议每回佩戴舒俱来后，皆需用软布擦拭之。佩戴舒俱来饰品，返家后、洗澡时均应卸除并妥善收藏，延长饰品生命与开运能量。

舒俱来石是一种珍贵的宝石，佩戴于身有着一定的灵性作用，可以开发心智，使人在身心灵中得到平衡与进化；还有助于舒缓紧张的情绪，平衡易怒、暴躁、郁闷等心境，可以净化身体的负能量。

雨水时节，春雨降临。舒俱来的滋养功效配合令人心情放松的紫色，在雨水中给早春的大地和你，都带来一份滋润。

水事雨纪

春雨惊春清谷天

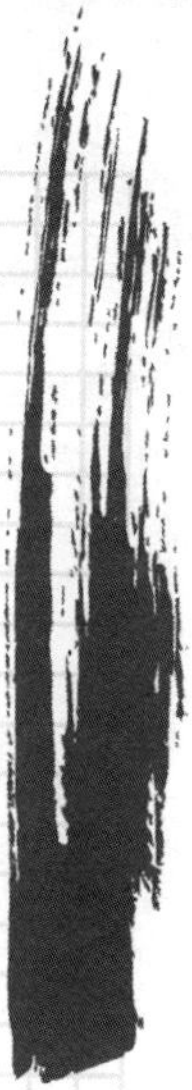

惊蛰

三月五日至六日期间

春雷惊而百虫出

惊蛰

3月5日至7日期间 惊蛰

惊蛰日雷

宋·仇远

坤宫半夜一声雷，蛰户花房晓已开。

野阔风高吹烛灭，电明雨急打窗来。

顿然草木精神别，自是寒暄气候催。

惟有石龟并木雁，守株不动任春回。

惊蛰之声，万物复苏。

生机勃勃重回大地，雨水渐丰敲醒每一个生命。春耕的季节正式到来。

黑曜石被称为“黑金刚武士”，因为世界各大古文明，都不约而同地认为黑曜石具有辟邪、驱散负能量的能力。

黑曜石自古以来被当作是镇宅、辟邪、祛除杂气的水晶石，随身佩戴黑曜石是最好的护身符、辟邪物。 可强健肾脏，吸收病气，帮助睡眠。黑曜石的能量非常强劲，需要夜间工作或常需赶夜路的人，适合戴黑曜石。

惊蛰时节，生机盎然。黑曜石作为守护佩戴者历史颇为悠久的“守护神”，捍卫你和大地上每一个可爱的生命。

惊蛰戴黑曜石

·“除小人”

民间有惊蛰当日“打小人，去晦气”的习俗。长久以来黑曜石确实会作为各类护身符的材质。以避小人为目的佩戴黑曜石的话，以本命佛吊坠为宜，可以得到全方位的守护。

·辟邪

黑曜石有着极度辟邪化煞作用，可以避免负面能量的干扰，能强力化解负能量，还能去除难闻的霉味与晦气，不管贴身佩带或是摆放家中，都是生活中最好的守护石！

·消除疲劳

黑曜石它可以增强生命力、恢复人体的精神体力，特别对于用脑过度的上班族，或者是搞创意工作的，必须长期思考，黑曜石有一定的保健作用，总之黑曜石对提高身体的能量还是有好处的。

· 忌休息时佩戴

黑曜石能够辟邪化煞，功效比较大，但是正因为如此，承载多种煞气和邪气的黑曜石，其能量过大，磁场影响力很强，在休息时人的阳气比较弱，阴气盛，很容易被黑曜石扰乱自身的磁场。因此睡觉休息时应该摘下黑曜石。

· 忌洗澡时佩戴

黑曜石不宜在洗澡的时候佩戴，否则会沾染上不干净的东西，导致邪气聚集，霉运多。在洗澡的时候应当把黑曜石项链或者手链，吊坠等收在干净安全的地方。

· 忌破碎后佩戴

如果黑曜石出现破碎，破裂，破损等情况，是因为已经挡掉了灾祸，再佩戴已经没有风水作用了，而且佩戴破碎的风水饰物，本身就容易招来霉运。

· 白事禁止佩戴

在参加白事的场合是不能够配搭黑曜石的，比如参加葬礼，进入墓园，拜山烧香等，这些地方的阴气比较重，磁场过于复杂，会影响身上佩戴的黑曜石的纯度，导致黑曜石的风水作用降低。如果阴气过盛，还会招来厄运以及各种祸事，使人不断倒霉。

黑曜石

惊蛰纪事

春雨惊春清谷天

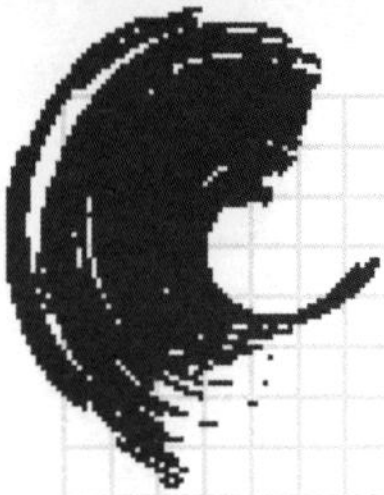

春分

三月二十日至二十二日期间

昼夜均而寒暑平
春分

3月20日至22日期间 春分

春分日大风

明·陆深

九十日春分一半，四千里路长风沙。

寒衣欲变难为客，晓梦无凭数到家。

关塞每怜新过雁，山城深护未开花。

向阳剩有闲庭院，满意东来吹帐纱。

春分风起，落花纷飞。

春意浓浓送花纷纷，姹紫嫣红之时清风徐徐吹走冬日严寒。

翡翠，也称翡翠玉、翠玉、硬玉、缅甸玉，是玉的一种。翡翠是在地质作用下形成的达到玉级的石质多晶集合体。

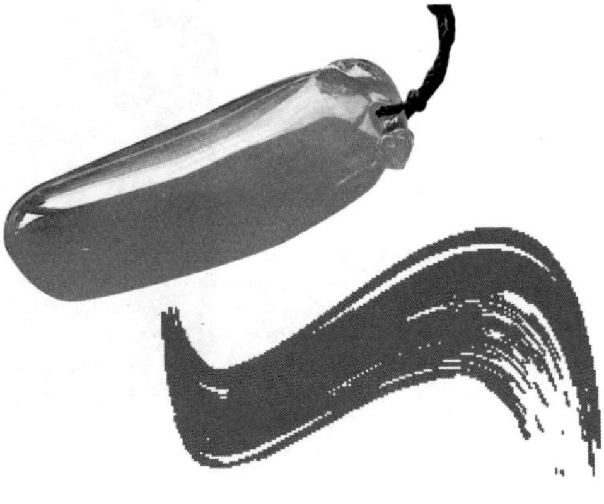

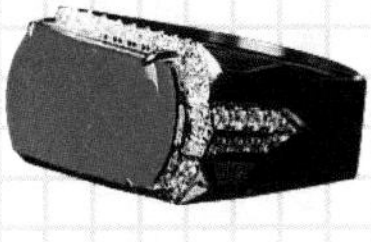

春分戴翡翠

·合时节

春分既是节气，同时还是节日和祭祀庆典。从古代的时候，帝王就有春分祭日，秋分祭月的礼制，民间则会扫墓祭祖。所以从春分开始，到清明结束，这期间都是扫墓祭祖的时候，而且最晚要在清明之前结束，才不会犯了忌讳。

祭祀时，需要配饰兼具辟邪和礼节讲究。古人认为玉是有灵性的，当人遇到灾祸的时候，玉会碎，从而帮助佩戴者挡灾。所以戴玉是非常好的。

·养身体

“春分者，阴阳相半也。”由于春分节气平分了昼夜、寒暑，应在春分时注意保持人体的阴阳平衡状态。人体在生命活动过程中，由于新陈代谢的不协调，可导致人体内某些元素的不平衡状态的出现，即有些元素的超量积累，有些元素的含量不足致使早衰和疾病的发生。翡翠中所含的这些微量元素对人体的补充，有助于维持体内各种元素的平衡。

· 宜常戴

《本草纲目》中就记载，玉石具有除中热、解烦闷、润心肺、助声喉、滋毛发、养五脏、疏血脉、明耳目等疗效，现代医学研究也表明，天然翡翠中含有人体必需的多种矿物质，这些微量元素通过皮肤浸润入人体，也可平衡人体生理机能，对身体也是非常有好处的。

· 忌碰撞

翡翠的保养要避免它和硬物碰撞，翡翠手镯的硬度虽然很高，但是受到碰撞后还是极易开裂，虽然肉眼难以看出裂纹，但实际上翡翠表层内的分子结构已经被破坏，存在众多的暗裂纹。

· 忌污秽

在翡翠佩戴或者收藏过程中，都要保持翡翠饰品表面的整洁，避免沾上污秽，每过一段时间都要清洗一次。存放收藏过程中要保持存放环境的干净整洁。表面长期有灰尘或其他污物，会让翡翠失去原有的光泽，变得灰暗。

"黄金有价玉无价"，翡翠的不仅仅具有观赏价值，在中国传统美学和养生方面的记载历史来源已久。翡翠对于佩戴者而言可谓是奇妙的宝石。

春分时节，天气渐暖。翡翠的温润光泽，伴着和煦的春风、润泽的雨水给你的春天一次明媚的盛开。

春分纪事

春雨惊春清谷天

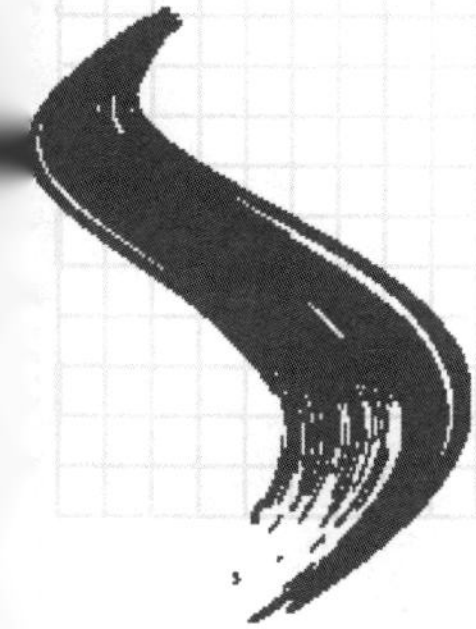

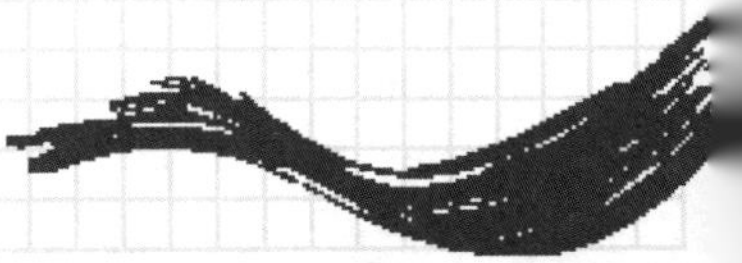

清明

四月四日至六日期间

吐故纳新，春和景明
清明

4月4日至6日期间 清明

清明即事

唐·孟浩然

帝里重清明，人心自愁思。

车声上路合，柳色东城翠。

花落草齐生，莺飞蝶双戏。

空堂坐相忆，酌茗聊代醉。

清明插柳，落雨纷纷。

春雨润物，平添感伤。时节已至，最是一年早春缅怀先人的时候。

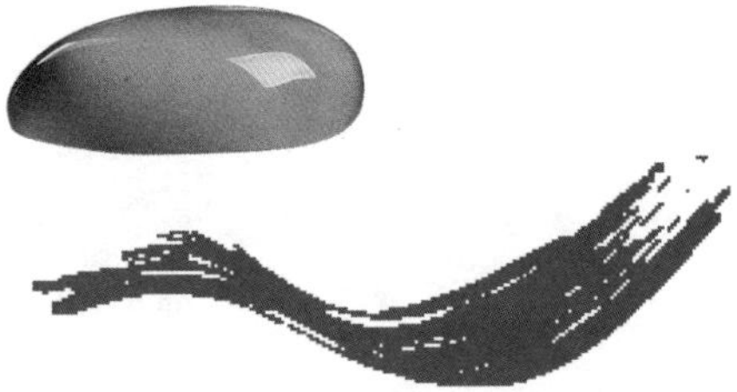

蜜蜡，为有机类矿物之一，质地脂润，用途广泛，价值超卓，与其他自然宝石一样，享有“地球之星”的美誉。蜜蜡通常是半透明的，颜色的表现也十分艺术，内部的线条和花纹丰富缠绵，颇有意境。

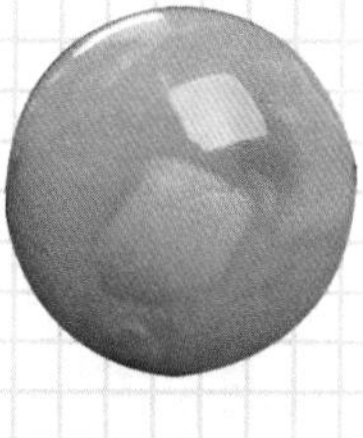

清明戴蜜蜡

· 宜祭扫

清明祭扫佩戴珠宝最忌大红大紫。蜜蜡颜色温润，同时也能安神，可以稳定佩戴人周身的气场、防止心神涣散和焦虑、胡思乱想，而且外形低调温润，很适合扫墓时戴着傍身。

· 安神

宗教中为蜜蜡赋予了一些不同的含义，佩戴蜜蜡能让我们的心情更加的平稳，帮助我们在人生困境、社会关系、感情纠纷之中保持一个比较冷静的心态。而且，蜜蜡的功效还有安神的效果，佩戴蜜蜡能帮助我们更好地缓解失眠的症状。

· 消除疲劳

中国古代向来以左为贵，佛教里面也称左手为净手、善手，基于此，左手戴腕饰是吸纳福气、运气，右手则是辟邪、祛除阴恶之气。在一些阴气比较重的场合，比如清明扫墓建议把左手的手串换到右手佩戴，有助于驱除负能量，防止吸纳戾气，起到护身符的作用。

·忌用脏手盘玩

蜜蜡长期佩戴与盘玩之后，会变得更为温润细腻，但前提是要保持手部的干净，不可用大汗手或是脏手直接上手盘玩。

·忌放置于污浊之处

抽烟喝酒、吃火锅烧烤等情况下建议不要佩戴蜜蜡，同时鱼腥、葱姜蒜等重口味的也避免与蜜蜡直接接触。

·忌高温干燥

蜜蜡熔点低，也比较怕干，在高温环境下或是极为干燥的情况下，最好将蜜蜡放置于密封袋中；特别是在空调房、暖气房中注意保持室内一定的温度与湿度。

·忌与其他首饰一起存放

蜜蜡硬度不高，质地较脆，与硬物触碰容易产生划痕，在佩戴或是存放时，建议单独放置。

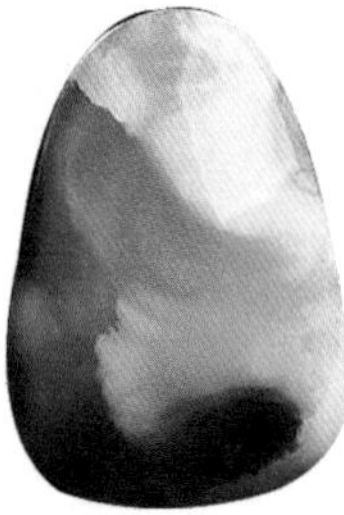

蜜蜡堪称中医五宝之一，佩戴在手后可以缓解风湿骨痛、鼻敏感、胃痛、高血压、皮肤敏感等，《本草纲目》《新中药大辞典》《本草求真》等均有详细记载。佩带后身体会慢慢吸收，经血液运行到全身，把疾病消除。蜜蜡依其不同地区不同颜色不同品种有不同功效。

清明雨至，插柳成荫。希望蜜蜡的沉静带着你的祝福和思念去到很远很远的远方。

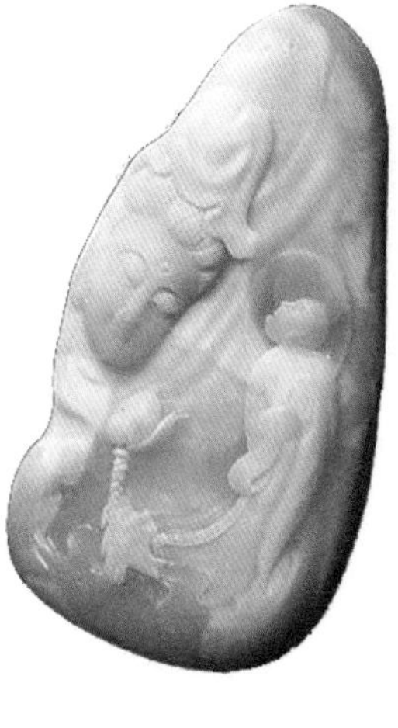

清明纪事

春雨惊春清谷天

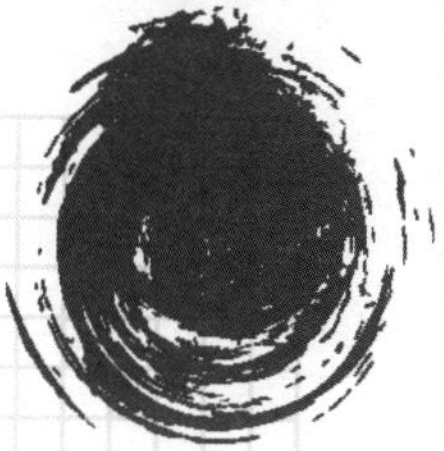

谷雨

四月十九日至二十一日期间

谷雨

时雨降，五谷百果乃登

4月19日至21日期间 谷雨

天仙子·走马探花花发未

宋·苏轼

走马探花花发未。人与化工俱不易。

千回来绕百回看。

蜂作婢，莺为使。谷雨清明空屈指。

白发卢郎情未已。一夜剪刀收玉蕊。

尊前还对断肠红。

人有泪，花无意。明日酒醒应满地。

雨生百谷，人间暮春。

春季最后一个时节来临，寒气已无影踪，春意暖融融。

石榴石，中国古时称为紫鸦乌或子牙乌，在青铜时代已经使用，常见的石榴石为红色。石榴石晶体与石榴籽的形状、颜色十分相似，故名“石榴石”。

谷雨戴石榴石

·抗寒凉

石榴石的保健功能不容小觑，她能够促进血液循环，增强活力，改善女性手脚冰凉、容易受寒的现象，同时，石榴石也对应海底轮，能够净化脾脏。谷雨时节，脾脏功能强，戴石榴石能促进消化吸收。

·缓解疲劳

石榴石可以缓解疲劳。工作压力大，作息不规律的人戴上石榴石可以更快地恢复体力，使整个人的精神状态更加松弛。

·女性更应该佩戴

石榴石被誉为“女性美容石”，可以调理气血，促进循环、增进活力，有助于改善血液方面的毛病，促进循环、增进活力，进而可以起到美容养颜的功效。

·避免“负能量”场所

我们知道佩戴石榴石能够帮助我们消灾挡煞，带来好运，但是如果去一些负能量的场所最好不要佩戴石榴石了，比如墓地、监狱、屠宰场、医院等地，石榴石会吸收这类能量，带来不好的效果。

·忌佩戴在右手上

石榴石能为人体补充能量，能使佩戴者感到舒畅，如果戴在右手上会使其能量流失，保健功效减弱。

·忌磕碰

石榴石是一种天然晶体，人们在睡觉洗澡或者运动的时候禁止佩戴，因为在这些情况下，稍有不慎，就会把石榴石磕伤，会影响它的外观，也会让它的养生功效受损。

·忌化学剂接触

避免与酸碱性强的物质接触，因为容易受腐蚀，不要直接接触指甲油、香水、发胶等化妆护肤品，可以在洗漱化妆完毕后再佩戴石榴石。

石榴石被认为是信仰、坚贞和纯朴的象征。人们愿意拥有、佩戴并崇拜它，不仅是因为它的美学装饰价值，更重要的是人们相信宝石具有一种不可思议的神奇力量，可以使人逢凶化吉、遇难呈祥，并且具有重要的纪念功能。

春山谷雨，饮茶食香。谷雨过后，春耕播种。留下这颗石榴石种子，一起等待丰收。

雨事谷纪

春雨惊春清谷天

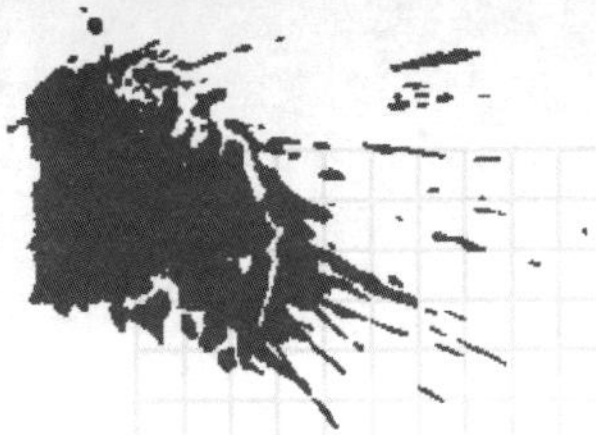

立夏

五月五日至七日期间

立夏

夏满芒夏暑相连

5月5日至7日期间　立夏

立夏

宋·陆游

赤帜插城扉，东君整驾归。

泥新巢燕闹，花尽蜜蜂稀。

槐柳阴初密，帘栊暑尚微。

日斜汤沐罢，熟练试单衣。

立夏蛙鸣，草长莺飞。

天地万物由生到长的转折，绿荫都开始奔着劲头，张开茂密的大伞。

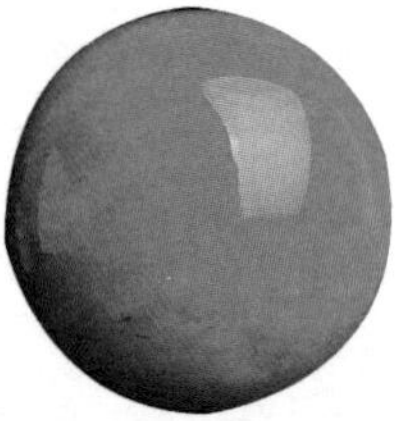

天河石，又称“亚马逊石”。天河石是微斜长石的亮绿到亮蓝绿的变种，蓝色和蓝绿色，半透明至微透明，与翡翠相似。可用做戒面或雕刻品。颜色为纯正的蓝色、翠绿色，质地明亮，透明度好，解理少的为优质品。

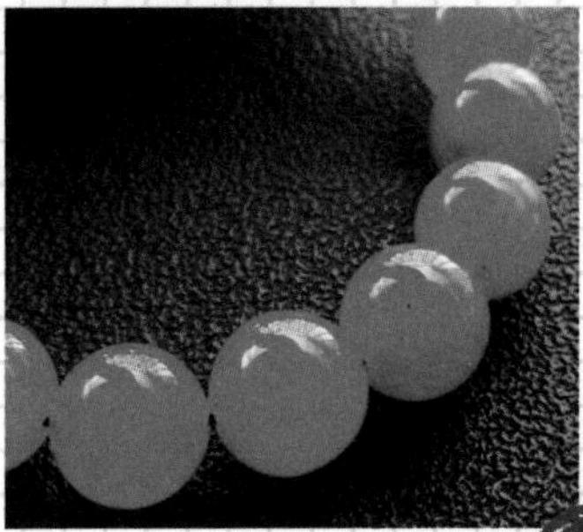

立夏戴天河石

· 旺财运

天河石最被人称道的就是它“爆表”的财运了，而且无论是正财偏财都有催动作用。不少人去赌场的时候都喜欢戴着天河石手链，觉得会带来好运气，容易赢钱；如果是投资做生意，则容易成功发财；长期佩戴，还容易得到贵人相助、逢凶化吉。

· 防辐射

虽然是一种微斜长石，但天河石挖掘出来的时候也会有很多矿物共生，特别是内部包体和解理很多，可以一定量过滤空气中的辐射，佩戴起来不仅看上去赏心悦目非常清凉，还能对人体有益。

· 强身体

人们在春夏之交要顺应天气的变化，重点关注心脏。心为阳脏，主阳气。心脏的阳气能推动血液循环，维持人的生命活动。初夏之时，可佩戴天河石。

·五行相克之人不可用

不管任何一种风水宝物都会具有一定五行属性，而每个人因为生辰八字的不同，五行命理也会存在一定差异，所以如果主人的五行命理与天河石五行属性相克，此人使用天河石对于运势就会有一定不利影响。天河石五行属水，所以如果命理属火，那么就不适合使用天河石。

·运势极差之人不可用

一个人的运势如果差到了极致，那么此人的命理或者风水方面，必然有问题，如果不将该问题找出来化解掉，不管使用任何风水宝物都不会有效，即使天河石能够强化其运势，在另一方面也会不断地消耗其运势，最终导致天河石对此人的运势加强变得没有任何意义。

天河石似一汪清泉，比蓝水翡翠更浓郁莹润，比绿松石更清透，天河石有种神奇的能量，被人们称为“神奇之石”，能给人以信心和勇气。

斗指东南，维为立夏。清泉般的洁净为夏日带来清凉，如果没有夏的成长，就不会有秋收冬藏。

立夏纪事

夏满芒夏暑相连

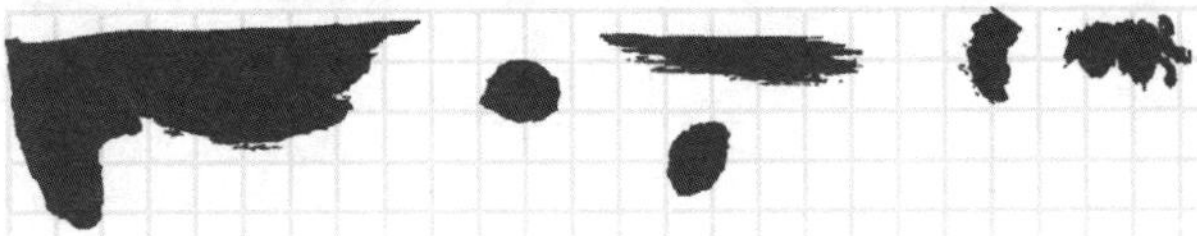

小满

五月二十日至二十二日期间

小满

物致于此小得盈满

5月20日至22日期间　小满

小满

宋·欧阳修

夜莺啼绿柳，

皓月醒长空。

最爱垄头麦，

迎风笑落红。

小满蝉鸣，绿肥红瘦。

夏天越来越深，夜晚凉风习习，伴着阵阵蝉鸣，夏熟作物的籽粒开始灌浆饱满，但还未成熟。

芙蓉石可称之为粉晶、玫瑰水晶、蔷薇石英。化学成分主要为二氧化硅，透明或半透明。断口贝壳状，呈油脂光泽。一般为粉红色。芙蓉石以颜色浓艳，质地纯净，水头足，无棉绺者为最好。

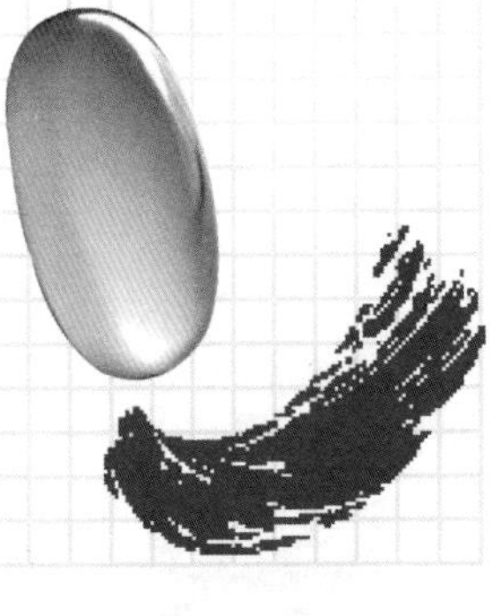

小满戴芙蓉石

· 养心

初夏心气逐渐旺盛，是养心的好时节。小满时节高温多雨，湿热难耐，容易觉得烦闷、情绪低落，机体也容易出现胸闷、心悸、精神不振、全身乏力等症状。

佩戴有助于加强心肺功能的健康，也可以舒缓紧张的情绪的芙蓉石，可有效提升人体“正气”，抵制“热邪”“湿邪”对人体的侵扰。

· 活人脉

芙蓉石作用是招揽人脉，打开佩戴者心怀，让佩戴者有愉悦感，芙蓉石之所以被传闻能够招来桃花，正是因为它最根本的作用是招揽人脉，很多商家会拿着粉水晶的原矿，或者打磨件(比如粉晶七星阵)放在商铺的特殊位置，为商铺招揽人气所用。

· 治愈人心

芙蓉石是治愈系的水晶，它治疗心灵伤痛的效果和速度，远远在它其他的效果之上，也在其他水晶之上。

·注意区分佩戴左右手

戴在左手上，能使佩戴者变得性格温和，平易近人；左手佩戴粉晶手链可以为人体输送正能量，起到调节血气、改善运气等好处；戴在右手上，能使佩戴者魅力增强，对外界更具吸引力。

·忌高温

避免把芙蓉石放在高温或太阳低下，因为在高温下粉水晶易褪发生褪色而变成白色。

·忌化学接触

注意不要让把芙蓉石放在酸性溶液、碱性溶液、香水、化妆品及硫化物旁边，以免受到腐蚀，洗澡时记得把粉水晶饰品摘下。

传说芙蓉石是当年李隆基送给杨玉环的爱情信物，又由于它的纹理结构像冰块撕裂一样，所以后来人们用杨玉环的小名芙蓉来命名，所以也称它“冰花芙蓉玉”。出水芙蓉，清爽亮丽，蔷薇石英象征着美好的爱情，特别适合年轻人和肤色白的人佩带。

“四月中，小满者，物致于此小得盈满。”小满带着夏天的气息悄悄吹绿树荫，也吹鼓了芙蓉石一样的芙蓉花苞。

小满事纪

夏满芒夏暑相连

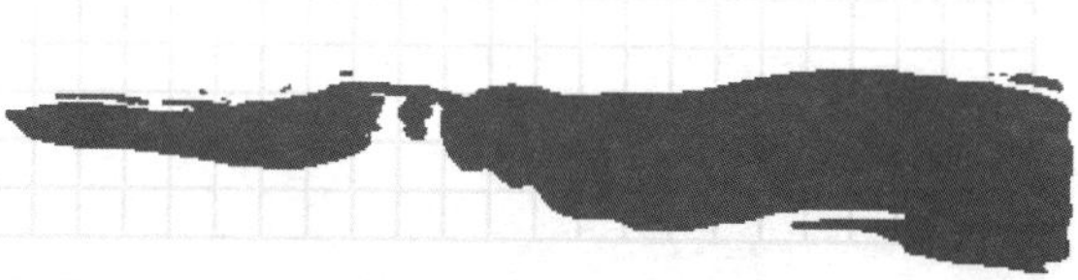

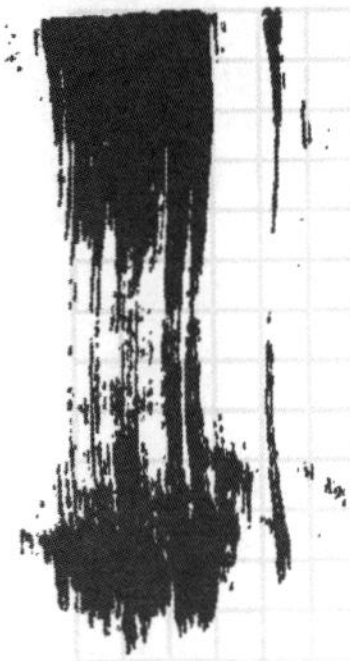

芒种

六月五日至七日期间

芒种

可种有芒之谷，适时而作

6月5日至7日之间 芒种

芒种后经旬无日不雨偶得长句

宋·陆游

芒种初过雨及时，纱厨睡起角巾欹。

痴云不散常遮塔，野水无声自入池。

绿树晚凉鸠语闹，画梁昼寂燕归迟。

闲身自喜浑无事，衣覆熏笼独诵诗。

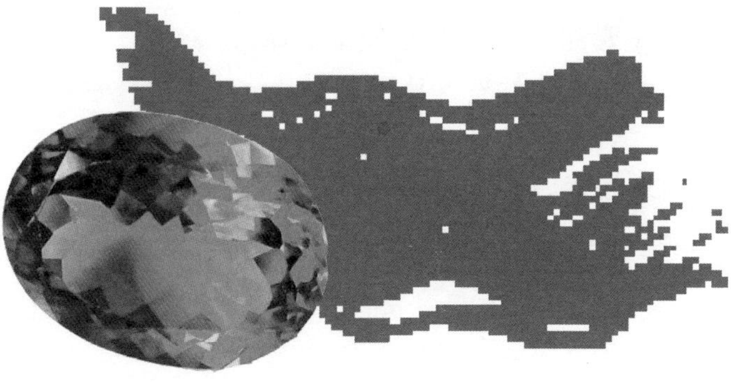

芒种夏收，仲夏伊始。

芒种是仲夏的开始，芒种字面的意思是“有芒的麦子快收，有芒的稻子可种”。

托帕石，也称黄玉或黄晶。因为托帕石的透明度很高，又很坚硬，所以反光效应很好，加之颜色美丽，颇受青睐。比如在十七世纪，葡萄牙王冠上的Braganza钻石（1640克拉）曾被认为是最大的钻石，已证实它是一块无色托帕石。

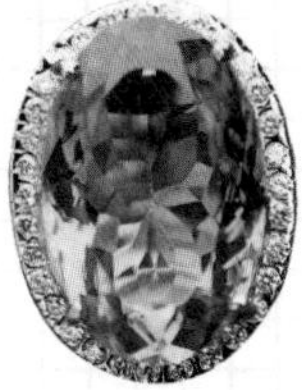

芒種戴托帕石

·旺财运

芒种气温逐渐升高，进入梅雨季节，持续阴雨，雨量增多。雨为水，在我们中国传统的风水中，一直有“聚水为财，流水生财”的说法，水都是直接跟财气挂钩的。五行中代表水的颜色是蓝色，在托帕石中，最常见的就是蓝色的托帕石，所以芒种戴托帕石，助长了佩戴者的水气和财运。

·增强信心

托帕石是大自然的馈赠，天然的托帕石能够增强人的表达能力和说服力，以达到增强自信的效果，特别是在比较严肃或者混乱的场合，帮助你冷静处事。

·明目

据说，将托帕石放在葡萄酒中浸泡三天三夜，然后用这种酒按摩眼睛，不仅能够治疗一般的眼疾，还能缓解弱视，对于眼睛极好。

·忌碰撞

托帕石遇到磕碰可能导致沿解理方向开裂，特别是佩戴托帕石手链的时候一定要注意避免碰撞。做运动或者粗重活的时候，不要佩戴托帕石，以免造成损失。

·忌与其他宝石一起存放

托帕石首饰单独放置很重要。每一种宝石首饰的硬度都可能是不同的，因此单独放置可以避免不同硬度的宝石相互摩擦产生划痕从而影响美观。

·定时清理

长时间贴身佩戴人体产生的油脂会让托帕石首饰失去光泽，因此定期的清洗对托帕石的保养非常的重要，最好每个月都清洗一次，这样保养托帕石才会更亮。

托帕石还被誉为“友谊之石”，代表真诚和执着的爱，意味美貌和聪颖。象征富态、有生气，能消除疲劳，能控制情绪，有助于重建信心和目标。托帕石可以作为护身符佩带，能辟邪驱魔，使人消除悲哀，增强信心。

芒种送夏至，炎炎夏日渐入佳境。托帕石的清凉爽快就像一块清凉的冰块，沁人心脾。

芒种纪事

夏满芒夏暑相连

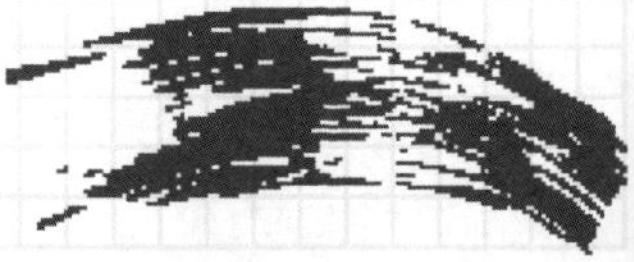

夏至

六月二十一日至二十二日期间

夏至

日长之至，日影至短

6月21日至22日期间 夏至

夏至避暑北池

唐·韦应物

昼晷已云极，宵漏自此长。

未及施政教，所忧变炎凉。

公门日多暇，是月农稍忙。

高居念田里，苦热安可当。

亭午息群物，独游爱方塘。

门闭阴寂寂，城高树苍苍。

绿筱尚含粉，圆荷始散芳。

于焉洒烦抱，可以对华觞。

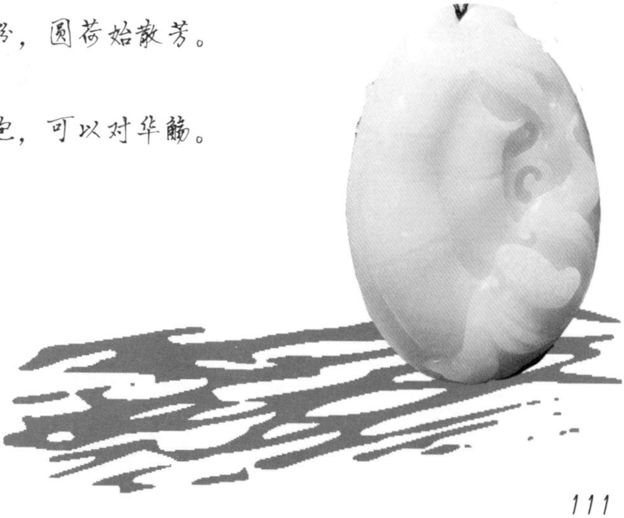

夏至烈日，挥扇消暑。

夏日滚滚而来，一转眼间烈日炎炎，暑热难耐。午后闲居，只等一丝清凉晚风。

砗磲是稀有的有机宝石、白皙如玉，亦是佛教圣物。　砗磲、珍珠、珊瑚、琥珀在西方被誉为四大有机宝石，在中国佛教与金、银、琉璃、玛瑙、珊瑚、珍珠一起被尊为七宝。

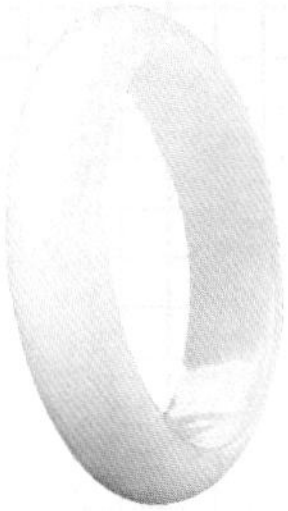

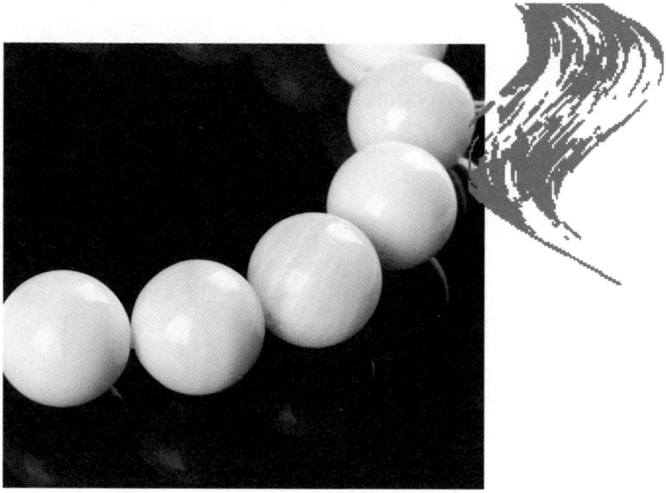

夏至戴砗磲:

·安神凉血

夏至在中夏之位，暑热盛于外，阳盛易躁。砗磲有着不错的药用价值，《本草纲目》中记载道，砗磲有锁心、安神之效。夏至戴砗磲能凉血、降血压，清泄暑热。还能安神定惊，使气机得以宣畅，通泄得以自如。砗磲可护身健体，延年益寿，佛教视其为驱魔辟邪的神奇宝物，故被佛教作为镇教之宝。

·驱除杂念

颜色漂亮的砗磲手珠，除了可做装饰外，佩戴在身上也可辟邪保平安。师父们常以27颗以上至108颗的念珠作为佩戴及念之用。砗磲在当今流行的“佛教七宝”中，列驱邪避凶的首位。砗磲所含的微量元素能稳定情绪、去除杂念、使脾气暴躁的人消除烦恼、调养身心平衡。

·抗衰老

砗磲贝的尾端就是其最精华的部分，含有多种微量元素，壳角蛋白及氨基酸，可促进身体新陈代谢，抗衰老以及防止骨质疏松的功效，常被磨成粉末来入药。

·砗磲手链应佩戴在左手

人体气场是左进右出的，一般情况下，除了吸纳性宝石也就是能吸走人体的晦气、病气、浊气的宝石，其他的宝石是应该佩戴在左手上的。虽然砗磲属于宝石品类，但并不是吸纳性的宝石，所以这就是砗磲应该戴在左手的原因。

·忌叠戴过多

砗磲可以与水晶等手链佩戴，但是不要佩戴超过四条。因为配得过多会磁场叠加，影响开运效果。

·佩戴前需要“消磁”

砗磲是有记忆的，买来时，许多分的磁场都在它上面，像开采人，加工人，卖的人，顾客，磁场比较乱的，拿回来要消磁才能佩戴。最简单的消磁方法就是把链子放矿泉水里泡一天一夜，或者在自来水下冲洗20分钟左右。

砗磲在我国商代已被认为是一种宝物。砗磲的名字，最早可以从东汉伏胜所著的《尚书大传》中看到记载，里边有一则关于散宜生用砗磲敬献商纣王，换回被囚禁的周文王的故事。根据史载，清朝二品官上朝时穿戴的朝珠就是用砗磲所串成的。而在中国的佛教文化里边，砗磲穿成的念珠被高僧喇嘛视为圣物。

夏至酷暑，大地四处都弥漫着热浪滚滚。砗磲从海底吹出海风般的清凉慢慢拂去这份炎热。

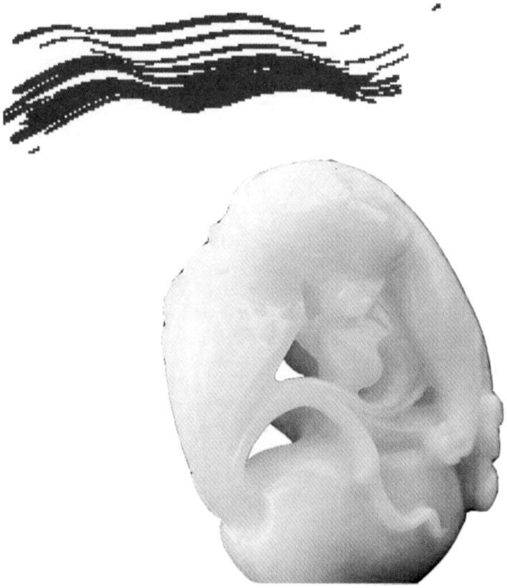

夏至纪事

夏满芒夏暑相连

小暑

七月六日至八日期间

小暑

时至小暑，蟋蟀居宇

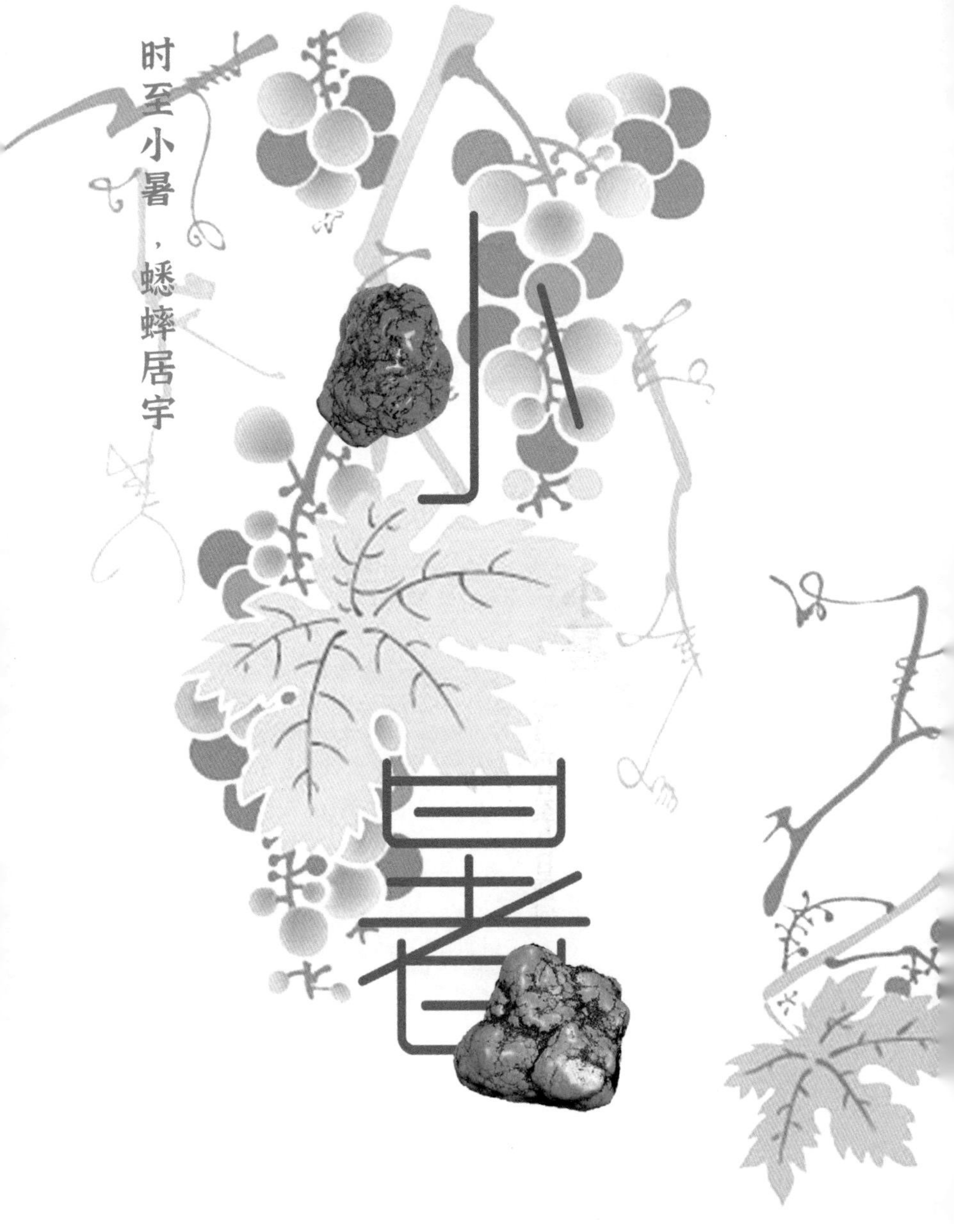

7月6日至8日期间 小暑

夏日

宋·朱熹

季夏园木暗，窗户贮清阴。

长风一掩苒，众绿何萧掺。

玩此消永昼，泠然涤幽襟。

俯仰无所为，聊复得此心。

小暑热风，气温骤升。

小暑一到，整个夏天最热的时候就慢慢要来了。半个凉瓜，贪一瞬清爽。

绿松石，又称“松石”，因其“形似松球，色近松绿”而得名。英文名“Turquoise”，意为土耳其石。土耳其并不产绿松石，传说古代波斯产的绿松石是经土耳其运进欧洲而得名。

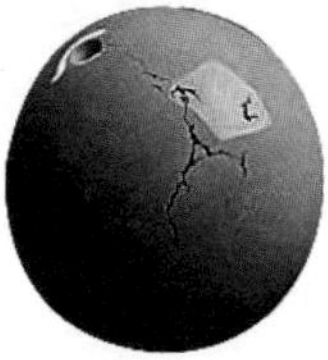

小暑戴绿松石：

·活血化瘀

绿松石在藏医中作为一种药材用药，已经有数百年的历史了。现在绿松石作为一种药材也是经过科学证明的，尤其在活血化瘀，消炎止血等方面，绿松石有极佳的疗效。

·安神镇定

暑，热也，月初为小，月中为大。小暑是进入伏天的开始，热在三伏，“伏”即伏藏之意，所以在小暑之后，应注意躲避暑气。绿松石天然矿物所具备的清凉，让人暑气顿消。心静自然凉，时当小暑之季，气候炎热，人易感心烦不安。绿松石以蓝为贵，经常佩戴、接触绿松石能够缓解焦躁的情绪，起到安神镇定的作用，对于缓解人际关系紧张也有很好的促进作用。

·辟邪

对于绿松石这种天然的矿物质，自古以来，除了作为饰品，也一直被当作是驱邪挡煞的护身符来佩戴，而且绿松石还有“幸运之石”的美誉。绿松石念珠在佛教僧人中也被广泛使用，人们认为绿松石能够带来幸运、平安以及康健。

·忌化学试剂

绿松石是一种磷酸盐矿物质，含有铜、磷、铝、铁和水。因此怕遇到具有腐蚀性的物质，容易被分解，而且绿松石多孔隙，容易吸收化学制品，导致变色，所以避免和香水、化学剂之类的液体触碰。

·忌高温

在高温下，绿松石很容易失去里面所含的结晶水，导致松石性质变得不稳定，进而出现褪色、干裂等状况。

·忌磕碰

绿松石硬度低，平时佩戴起来小心点就好，就怕一个手滑，摔倒地上，那很可能就会碎成两半，或摔出一大块裂纹了。绿松石和大块头的金属饰品碰撞，很容易让绿松石缺边掉角。

·忌金属

虽然绿松石本身含有金属，但它似乎和很多常见金属八字不合，遇到大块的金属，容易磕碎，长期接触小的金属，容易发黑。

绿松石属优质玉材，古人称其为“碧甸子”“青琅玕”等等，欧洲人称其为“土耳其玉”或“突厥玉”。绿松石代表胜利与成功，有“成功之石”的美誉。

有专家考证推论，中国历史上著名的和氏璧即是绿松石所制。这件与“价值连城”“完璧归赵”等成语故事直接相关，且被秦始皇制成传国玺的宝物。倘若真是绿松石，则可见古人对绿松石的珍视程度。

小暑盛夏，雷雨阵阵。火热的夏日伴着聒噪的蝉鸣蛙叫。绿油油的一颗绿松石，沉静一片清凉。

暑事小纪

夏满芒夏暑相连

大暑

七月二十二日至二十四日期间

大暑

大者，乃炎热之极也

7月22日至24日期间 大暑

销夏

唐·白居易

何以销烦暑，端居一院中。

眼前无长物，窗下有清风。

热散由心静，凉生为室空。

此时身自得，难更与人同。

清风不肯来，烈日不肯暮。

大暑澎湃，热浪滚滚。

赤日几时过，清风无处寻。夏日最后一个节气到来，一年即将过半。

月光石通常是无色至白色，也可呈浅黄、橙至淡褐、蓝灰或绿色，透明或半透明，具有特别的月光效应，因而得名。

长石对光的综合作用使长石表面产生一种蓝色的浮光。如果层较厚，产生灰白色，浮光效果要差些。

月光石主要产于斯里兰卡、缅甸、印度、巴西、墨西哥及欧洲的阿尔卑斯山脉，其中以斯里兰卡出产的最为珍贵。

月光石一直被认为是月亮神赐给人类的礼物，仿佛带着神秘而不可抗拒的力量。传说中，月圆的时候，佩戴月光石能遇到好的情人。因此，月光石被称为“情人石”，是友谊和爱情的象征，是送给至爱的最佳礼物。在美国，印第安人视月光石为“神圣的石头”，是结婚十三周年的纪念宝石。对于女孩子而言，长期佩戴月光石可以由内至外改善气质，使得举止优雅，态度从容。同时，月光石也是六月生辰石，象征着健康、富贵和长寿。

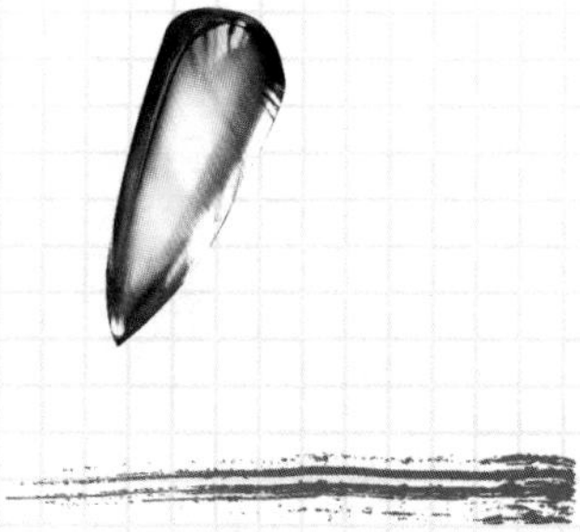

大暑戴月光石

· 安神促眠

大暑节气，高温湿热、雷暴频繁，“湿热交蒸”在此时到达顶点，是一年中最热的节气。尤其是夏日夜晚蝉鸣蛙叫，高温潮湿多雨带来的闷热难熬之苦，让人难以安眠。

月光石可以舒缓失眠症状。大暑戴月光石，对于因盛夏暑热难耐、烦闷导致的失眠、多梦睡不好觉的人来说，十分适宜。

· 安神镇定

月光石月光般柔和的能量可以稳定人的情绪，可以调和人的坏脾气，它能够抚平佩戴者内心冲动激烈的一面，从而稳定佩戴者激动的情绪。让佩戴者感受到平和而恢复理性的对待生活的态度，因此容易冲动或者容易发脾气的人不妨用灰月光石来缓和自己的坏情绪。

· 滋养女性

由于夏令气候炎热，易伤津耗气，因此要注意清热解暑，滋养身体。月光石有调解女性体内荷尔蒙的功效作用，同时还能够影响女性的生理周期，平衡女性的内分泌系统，并且对怀孕　的女性和哺乳期的女性都是非常有好处。因此月光石是女性对饰品最为理想的选择，同时也非常适合怀孕的、准妈妈们佩戴。

·忌碰撞

月光石是硬度不很高的宝石，所以佩戴月光石的时候需要注意不能和其他东西碰撞，这样很容易破裂，除此之外，月光石不能在做剧烈运动或做重活粗活的时候佩戴，这样也会引起月光石破裂的情况发生。

·忌高温

月光石虽然耐高温，但是最好不要长时间放置在高温环境中，这样会让月光石的光泽受到影响。

·宜经常佩戴

在佩戴月光石手链的时候要记住经常地进行清洗和擦拭，保证表面的光泽感。还有，对于月光石这种比较具有灵性的玉石来说，一定要经常佩戴，不要戴两天放两天的，这样不利于它能量的释放。

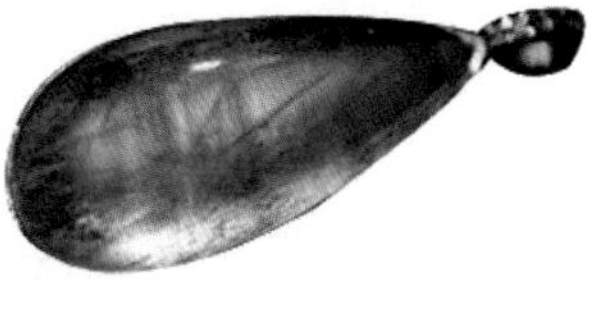

“青光淡淡如秋月，谁信寒色出石中”，作为长石类宝石中最有价值的品种，月光石静谧而朴素，透明的宝石上闪耀着蓝色跳动的光芒，令人联想到皎洁的月色。它所散发的温婉之美正是魅力之所在。

大暑夏日长，月光洒清凉。夏天的尾巴来势汹汹，伴着悠长的月光睡个好觉吧。

大暑纪事

夏满芒夏暑相连

立秋

八月七日至九日期间

立秋十天遍地黄

立秋

8月7日至9日期间 立秋

秋词

唐·刘禹锡

自古逢秋悲寂寥，

我言秋日胜春朝。

晴空一鹤排云上，

便引诗情到碧霄。

立秋风清，天高气爽。

孟秋时节的正式开始，暑去凉来。气温开始慢慢下降，夏日悄悄溜走。

珍珠是一种古老的有机宝石，主要产于珍珠贝类和珠母贝类软体动物体内。珍珠为贝类内分泌作用而生成的含碳酸钙的矿物珠粒，由大量微小的文石晶体集合而成的。种类丰富，形状各异，色彩斑斓。根据地质学和考古学的研究证明，在两亿年前，地球上就已经有了珍珠。

立秋戴珍珠：

·疏解暴躁

大暑之后，时序到了立秋。秋是肃杀的季节，容易惹人秋愁秋燥、悲忧伤感。珍珠有很好的镇定安神的作用，《本草纲目》中有言，珍珠入足厥阴肝经，因为肝藏魂，所以珍珠还能定魂安神。立秋戴珍珠，能帮助人们排解伤感，以避肃杀之气，同时有助于保持内心平和，神志安宁，心情舒畅，收敛神气，以适应秋天容平之气。

·提高免疫力

佩戴珍珠，不仅可以肃清人体血管的过氧化脂，美容护肤，延缓皮肤老化，提高人体免疫力。还可以防止骨质流失，养肝明目、清热解毒，具有抗衰老、延年益寿的功效。并且还能够有效的治疗咽喉炎和口腔溃疡。

·美容养颜

珍珠粉是如今非常流行的美容养颜的外用口服护肤品。而佩戴珍珠也可以起到一定的美容养肤的作用，有喜欢佩戴珍珠项链的朋友反映颈部的手术疤痕因为长时间佩戴珍珠项链的原因竟然慢慢淡化到消失了。早晚用珍珠轻轻地按摩皮肤，可以达到护肤、美容和去斑消皱的作用。

·忌密封存放

珍珠是内部存有水分的，因此且不可将珍珠密封长期存放在首饰盒内，更不能与干燥剂一起存放。珍珠首饰需定期拿出来透气，长期放置在密封的空间会导致光泽消退，颜色变黄。

·忌混合存放

珍珠最受人喜爱的地方就在于它的莹润跟光泽，相对其他首饰来说，珍珠更要温柔对待，它不耐磨，很容易留下擦痕。因此，忌把珍珠首饰与其他珠宝首饰混合存放，应单独存放在首饰盒内。

·忌长期悬挂

珍珠首饰不宜长期悬挂，长期处于垂吊状态会令珍珠的丝线松弛变形，久了甚至会松脱，正确的存放方法应该是平放收藏在首饰盒内。另外，珍珠项链应相隔1~2年就用新的丝线重新穿一次，记得定期检查丝线是否松脱，如有异常应更换新的丝线。

中国是世界上利用珍珠最早的国家之一，早在四千多年前，《尚书禹贡》中就有河蚌能产珠的记载，《诗经》《山海经》《尔雅》《周易》中也都记载了有关珍珠的内容。

立秋风清，夏日的热气还留有丝丝痕迹。一颗温润的珍珠，像一丝丝秋风，瓦解燥热。

立秋纪事

秋处露秋寒霜降

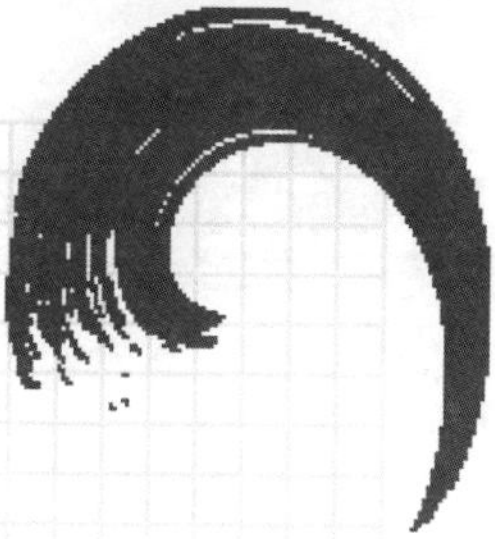

[redacted]

处暑

八月二十二日至二十四日期间

处暑

暑气至此而止矣

8月22日至24日期间 处暑

二十四节气之处暑

战国·鬼谷子

天地乾坤始渐肃，

鹰隼捕鸟稷乃登。

冷热交换试拳脚，

一场秋雨一场寒。

处暑秋燥，三伏近尾。

“处，止也，暑气至此而止矣。”随着“秋老虎”到来，夏天的最后一拨闷热高温卷土重来。

青金石在中国古代称为璆琳、金精、瑾瑜、青黛等。佛教称为吠努离或璧琉璃，是古代东西方文化交流的见证之一。资料显示，青金石是通过“丝绸之路”从阿富汗传入中国。

處暑戴青金石：

· 明目

当过度使用眼睛时，可以利用青金石来舒缓眼压，消除疲劳。闭眼平躺，将青金石平放在眼球上，配合缓和细长的深呼吸，观想蓝靛色的光穿透眼球，可以轻松地消除眼睛疲劳，保护视力。

· 润泽

青金石对应人体的眉心轮，助于治疗失眠、晕眩、头痛和降低血压，舒缓情绪，视力紧张，且协调喉轮，能改善气管、喉咙及呼吸道的疾病。处暑节气，气温走低与短期回热的“秋老虎”天气交错，时而初秋冷雨忽降，时而雨后艳阳当空，气温忽冷忽热，昼夜温差加大，人们往往对夏秋之交的冷热变化不很适应，一不小心就容易引发呼吸道、肠胃炎、感冒等疾病。

初秋季节变化导致的呼吸道问题，青金石能够帮助缓解。

· 增强免疫力

青金石含有独特的矿物成分和微量元素，经常佩戴青晶石饰品能够补充人体稀缺的矿物质和微量元素，起到增强人体的免疫力，加快人体的新陈代谢，起到强身健体、美容养颜的作用。

·忌碰撞

青金石本身硬度不高，在佩戴时最好不要做一些粗重的工作或活动，以免其碰撞到其他坚硬尖锐的物品，从而破坏质地结构，出现裂纹瑕疵，降低美观和价值。

·忌暴晒

不宜将青金石长时间的在阳光下暴晒，以免使其质地过于干涩，内部结构分子受热膨胀，破坏质地结构，出现裂纹裂隙，甚至是破裂，这样就得不偿失了。

·忌水洗

青金石饰品是不能用水浸泡清洗的，这样会破坏其内部的结构质地，使其质地疏松，而且渗透进的水还会改变青金石的颜色，影响美观性和价值。

《石雅》云："青金石色相如天，或复金屑散乱，光辉灿烂，若众星丽于天也"。所以中国古代通常用青金石作为上天威严崇高的象征。《拾遗记》卷五载："昔始皇为冢，……以琉璃杂宝为龟鱼。"有人认为这里的"琉璃"就是青金石。但古人辨别宝石，在色不在质，其色相似的，其质虽异，其名仍同。

处暑秋风渐凉，秋雨带着寒意慢慢拂去暑气。季节变化，青金石像一个沉稳的守护神，慢慢推动换季的转轮。

处暑纪事

秋处露秋寒霜降

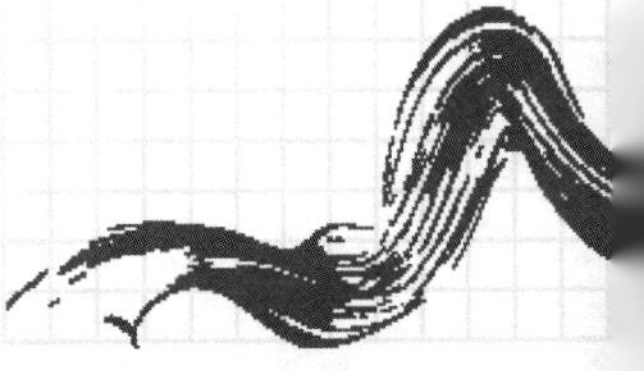

白露

九月七日至九日期间

凉风至，白露降，寒蝉鸣

白露

9月7日至9日期间　白露

白露为霜

唐·颜粲

悲秋将岁晚，繁露已成霜。

遍渚芦先白，沾篱菊自黄。

应钟鸣远寺，拥雁度三湘。

气逼襦衣薄，寒侵宵梦长。

满庭添月色，拂水敛荷香。

独念蓬门下，穷年在一方。

白露风凉，仲秋已至。

蒹葭苍苍，白露为霜。白露的到来代表秋意已经深了。秋高气爽，秋天的凉意慢慢落入人间，

碧玺的矿物学名称为电气石，是从古僧伽罗语衍生而来的，意为“混合宝石”。在我国的一些历史文献中称为“砒硒”“碧玺”“碧霞希”“碎邪金”等。

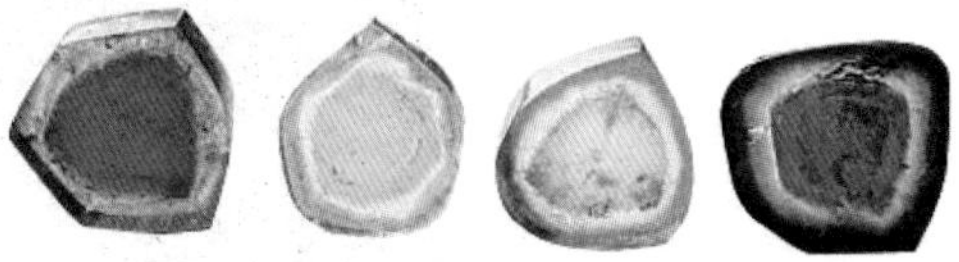

白露戴碧玺

· 增强细胞活性

“白露秋分夜，一夜冷一夜”，白露是整年中昼夜温差最大的一个节气。白露过后，秋天的干燥气息扑面而来，人们容易出现口干、唇干、咽干、皮肤干燥等症状，这就是典型的“秋躁”。人体的细胞和皮肤新陈代谢受到冲击。碧玺是一种矿物质，内涵丰富的元素，而且科学研究表明，碧玺能够释放出微电流（0.06毫安），在一定程度上能够加快人体新陈代谢。白露戴碧玺，能增强细胞的活性，有助于肤质的改善。

· 辟邪挡煞

白露时节恰逢中元节，阴气很重。碧玺的谐音是辟邪，作为大自然的馈赠，碧玺不仅能帮助人体排出负能量，改善人体的磁场，还能缓解人的消极情绪，辟邪挡煞，提升精气神。

· 减弱辐射

碧玺在常温下，可以有效减弱和中和如今人们生活中无处不在的电磁辐射，减少天干物燥时发生的人体静电现象。

·忌胡乱搭配

黑色的碧玺是不能乱和其他颜色的碧玺搭配的，既不能串在一起，也不能同时戴在一个手腕，一定要分开。这是由于黑色和其他颜色的碧玺所含物质不同，戴在一起效果会大打折扣。

·区分左右手

除了黑色的碧玺，其他颜色的碧玺，都需要戴在左手。因为除了黑色碧玺以外，其他五彩的碧玺是好运的象征，都具有放射性的物质，能产生磁场，放在左手，按左进右出的原则，更利于吸收这些物质，更容易招揽好的运势。

·忌热水洗

不要长时间用高温的水进行清洗，如果太热会使碧玺变色。

清朝的古典中曾有相关记载："碧亚么之名，中国载籍，未详所自出。清会典图云：妃嫔顶用碧亚么。滇海虞衡志称：碧霞玺一曰碧霞玭，一曰碧洗；玉纪又做碧霞希。今世人但称碧亚，或作璧玺，玺灵石，然已无问其名之所由来者，惟为异域方言，则无疑耳。"

白露秋意浓，秋风渐渐凉了下来。秋季真的来了，干燥的丰收季节伴着彩虹般的碧玺，把整个大地变得五彩斑斓。

白露纪事

秋处露秋寒霜降

秋分

九月二十二日至二十四日期间

暑退秋澄气转凉，日光夜色两均长
秋分

9月22日至24日期间　秋分

晚晴

唐·杜甫

返照斜初彻，浮云薄未归。

江虹明远饮，峡雨落馀飞。

凫雁终高去，熊罴觉自肥。

秋分客尚在，竹露夕微微。

秋分夜长，秋水蹉跎。

秋分阴在正东，阳在正西，之后，阴气越来越占上风，雷收声，燕飞走，夜越来越长。

蓝宝石以其晶莹剔透的美丽颜色，被古代人们蒙上神秘的超自然的色彩，被视为吉祥之物。早在古埃及、古希腊和古罗马，被用来装饰清真寺、教堂和寺院，并作为宗教仪式的贡品。它也曾与钻石、珍珠一起成为英帝国国王、俄国沙皇皇冠上和礼服上不可缺少的饰物。

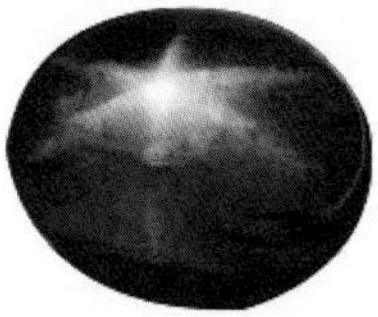

秋分戴蓝宝石

·提升运势

秋分时节正值九月，凉风习习，碧空万里，风和日丽，秋高气爽，丹桂飘香，蟹肥菊黄。秋分是美好宜人的时节，也是佩戴九月生辰石——蓝宝石的好时节。无论是不是九月份的生日，都可以在九月佩戴蓝宝石，蓝宝石能保佑佩戴者身心健康，提升整个运势。

·有益人体

蓝宝石有助消化系统与生殖系统，有助于营养吸收，化解毒素，消除流体滞留，缓和皮肤、头发、眼睛以及肝脏、胰腺等肉质器官的退化，减肥、安眠、美容，吸引异性能改变人的饮食习惯，达到减肥效果，可助人安然入睡，改善皮肤，有美容功效。

·调和个性

蓝宝石有助于脑部的思考，通灵性，有助于清晰的思维。性格刚烈、暴躁、冲动，做事如拼命三郎型的朋友，应该佩带，以调和个性。

·注意清洗

注意定期清洗佩戴的蓝宝石首饰，因为空气中的油渍、灰尘，佩戴者的化妆品等等都会影响蓝宝石的光泽，所以要常清洗蓝宝石保证蓝宝石的光泽。

·避免化学接触

应尽量避免化妆品沾染到蓝宝石首饰。平日着装时应先化妆与喷洒香水后，再佩戴珠宝，如需补充香水，也应避免将香水直接喷洒到珠宝表面。

蓝宝石象征忠诚、坚贞、慈爱和诚实。星光蓝宝石又被称为“命运之石”，能保佑佩戴者平安，并让人交好运。蓝宝石属高档宝石，是五大宝石之一，位于钻石、红宝石之后，排名第三。蓝宝石是9月和秋季的生辰石，它与红宝石有“姊妹宝石”之称。

《礼记》注曰：“水本气之所为”，春夏气至，故长，秋冬气返，故涸也。秋分过后，寒气蔓延。一颗沉稳的蓝宝石敲开略带寒意的秋。

秋分纪事

秋处露秋寒霜降

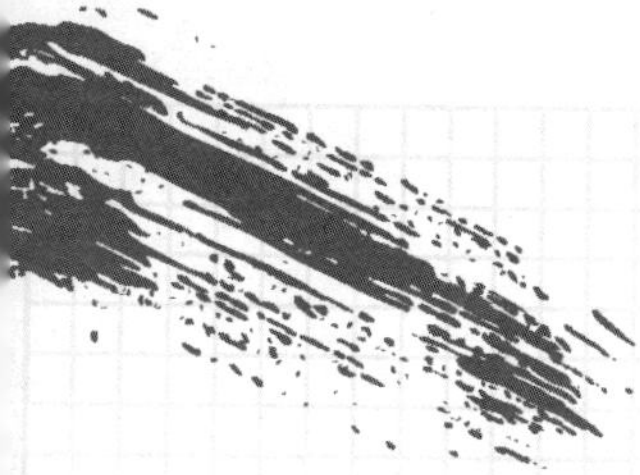

寒露

十月八日至九日期间

寒露

秋意渐浓，晨露更凉

10月8日至9日期间 寒露

八月十九日试院梦冲卿

宋·王安石

空庭得秋长漫漫，寒露入暮愁衣单。

喧喧人语已成市，白日未到扶桑间。

永怀所好却成梦，玉色仿佛开心颜。

逆知后应不复隔，谈笑明月相与闲。

寒露初凝，梧桐叶上。

正值秋日，风援着蒹葭，雨后的杨柳上凝结了暮烟，树枝都要无法承受了。

天然产出的紫水晶因含铁、锰等矿物质而形成漂亮的紫色，主要颜色有淡紫色、紫红、深紫、蓝紫等颜色，以深紫红为最佳，过于淡的紫色则较为平常。天然紫晶通常会有天然冰裂纹或白色云雾杂质。

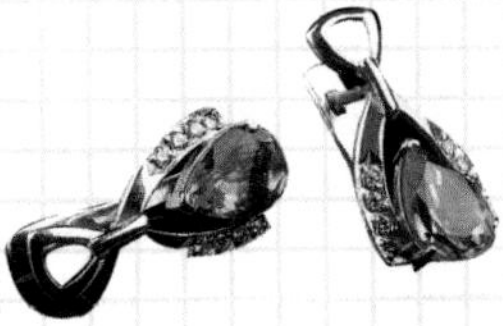

寒露戴紫水晶：

·帮助思考

秋凉渐凉，寒露时节天渐寒。寒露的到来，气候由凉爽转寒冷，万物随寒气增长而逐渐萧落。人体的思维随着寒意产生一些懒倦。

紫水晶对应着人体的眉轮，大脑是眉轮器官中非常重要的一个，所以紫水晶是可以对大脑产生很大影响的，紫水晶能让脑细胞更活跃，能促进大脑的运转，从而提升智慧，帮助思考，提高思维能力。

·辟邪招财

紫水晶拥有的能量是非常强大的，能有效地抵御佩戴者四周不好的负面能量与磁场，默默地守护着佩戴者的平安，常佩戴紫水晶能驱邪避凶，提高个人运势，用作护身符也很合适。

·缓解失眠

紫水晶能缓解佩戴者的压力，消除愤怒、紧张等负面情绪，能让人恢复内心的平静，并且自内的能量可以安抚大脑，由内而外的改善睡眠状况，提升睡眠质量。

· 消磁

这是所有天然水晶都要做的一件事，天然水晶是一种能量强大的宝石，能帮助吸收抵御掉佩戴者四周不好的负面能量，时间久了总会有满的时候，所以就需要定期消磁净化，并且还因为紫水晶是有记忆的，如果运势不好的人接触了她而且也没有及时消磁，那么也会连带影响到主人的运势。

· 忌高温

紫水晶如果长时间处在高温环境下的话，则很容易会产生褪色变色的情况，高温对颜色影响是非常大的，所以最好不要让紫水晶长时间暴露在烈日下，也最好不要使用阳光消磁。

· 不要戴着睡觉

紫水晶在白天已经帮忙吸收了许多的负能量，并且由于人在睡眠状态下神经的防御能力会有所下降，如果还戴着睡觉则是怕紫水晶吸收的负能量会带来不好的影响。但是紫水晶也是可以助睡眠的，所以这个时候我们可以把紫水晶放到枕头底下或者是枕头旁边就好了，但就是不要戴在身体表面。

相传酒神巴克斯因与月亮女神黛安娜发生争执而满心愤怒，派凶狠的老虎前去报复，却意外遇上去参见黛安娜的少女阿梅希斯特，黛安娜为避免少女死于虎爪，将她变成洁净无瑕的紫水晶雕像。

袅袅的凉风吹动，凄冷的寒露凝结。寒露时节，一颗露水般晶莹的紫水晶，守护你的寒秋没有萧索。

寒露纪事

秋处露秋寒霜降

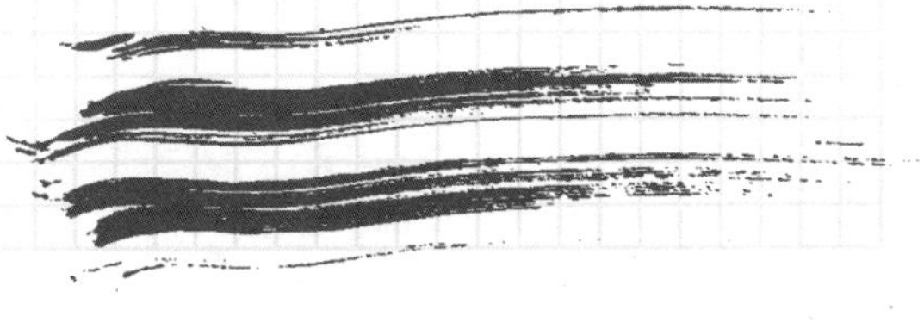

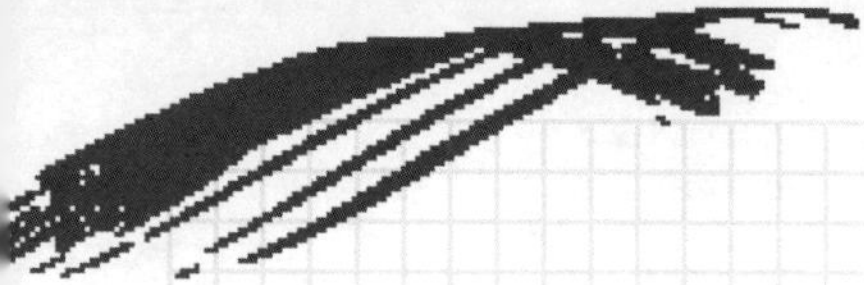

霜降

十月二十三日至二十四日期间

霜降

草木晃落，蛰虫咸俯

10月23日至24日期间　霜降

山中感兴三首

宋·文天祥

山中有流水，霜降石自出。

骤雨东南来，消长不终日。

故人书问至，为言北风急。

山深人不知，塞马谁得失。

挑灯看古史，感泪纵横发。

幸生圣明时，渔樵以自适。

霜降赏菊，登高远眺。

温差变大，到了吃柿子的霜降时节。霜降临，稻香千里逐片黄。

天然红珊瑚是由珊瑚虫堆积而成，生长极缓慢，不可再生，而红珊瑚只生长在三大海峡（台湾海峡、日本海峡、波罗的海海峡），受到海域的限制，所以红珊瑚极为珍贵。红珊瑚制成的饰品，极受收藏者的喜爱，并且精品红珊瑚增值十分迅速，被收藏界人士所看重。

霜降戴珊瑚：

天气渐寒始于霜降，霜降是秋季的最后一个节气，意味着即将进入冬天。“霜降之后，清风先至，所以戒人为寒备也。”霜降时节，人们特别注重保暖备寒，犹如火一般温暖的红色便受到广泛的欢迎。霜降戴红珊瑚，为人们带来了如火的暖意，驱散了心头的寒冷。不仅如此，红珊瑚对人体还多有益处。

· 活血明目

红珊瑚除了作为珠宝界中有生命的珠宝外，还被认为是具有独特功效的药宝，有养颜保健、驱热、活血、明目、镇惊痫，排汗利尿诸多医疗功效。

· 有益身体

佩戴红珊瑚可以预防经痛等妇女生理病。小朋友佩戴的话，有保护骨骼成长的效果，红色、粉红色珊瑚对血液方面的疾病有探测的功能。

如果越戴颜色越淡的话，很可能有贫血、血液循环不良等问题，心脏病及神经系统疾病患者也很适合佩带红珊瑚。基本上珊瑚对皮肤、指甲、头发等生长都有帮助。

·小心佩戴

建议不要贴身佩戴，在夏天出汗多，也不适合佩戴红珊瑚，同时运动、洗浴、做饭等情况下也不要佩戴为好。

·避免化学接触

红珊瑚结构不致密，有一定的孔隙，不宜多接触香水、酒精、油污和化妆品等，清洗时可用温和的肥皂水，然后清水冲洗干净。

·珊瑚会发生变化

有的人佩戴后，珊瑚会发白，有的珊瑚会发黏，有的珊瑚还会发暗，其实这些都是正常的珊瑚现象，因为它是活血保健最佳圣品。它的这些变化都是和人体有一定关系的。所以每个人佩戴出来的珊瑚，变化也是不同的。

红珊瑚文化在中国以及印度、印第安民族传统文化中都有悠久的历史，尤其是印第安土著民族和中国藏族等游牧民族对红珊瑚更是喜爱有加，甚至把红珊瑚作为护身和祈祷“上天”保佑的寄托物。根据历史记载，人类对红珊瑚的利用可追溯到古罗马时代。古罗马人认为珊瑚具有防止灾祸、给人智慧、有止血和驱热的功能，一些航海者则相信佩戴红珊瑚，可以防闪电、飓风，使风平浪静，旅途平安。因而，罗马人称其为“红色黄金”，使红珊瑚蒙上一层神秘的色彩。珊瑚饰品已在古埃及和欧洲的史前墓葬被发现。

“补冬不如补霜降”，霜降一到就到了最宜滋补的时候。一株鲜红的珊瑚正好是驱散秋燥，保健康体的“小火苗”。

霜降事纪

秋处露秋寒霜降

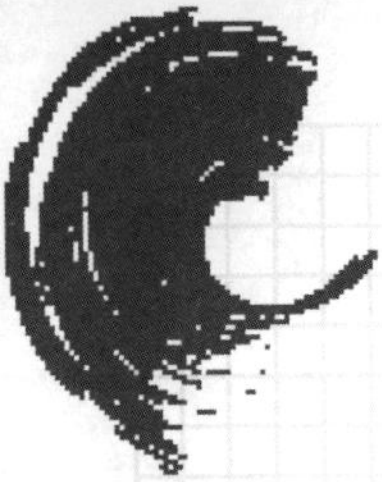

立冬

十一月七日至八日期间

立冬

冬者，终也，万物收藏也

11月7日至8日期间 立冬

立冬即事二首

宋·仇远

细雨生寒未有霜，

庭前木叶半青黄。

小春此去无多日，

何处梅花一绽香。

立冬飞黄，落叶纷飞。

落木萧萧，风急呼啸。丰收的季节已经飞逝无几，冬天的气息慢慢吹走了树梢上所有的叶。

红宝石属于刚玉族矿物，三方晶系。因其成分中含铬而呈红到粉红色，含量越高颜色越鲜艳。血红色的红宝石最受人们珍爱，俗称“鸽血红”。红宝石与祖母绿，蓝宝石，碧玺等都属于有色宝石属。红宝石质地坚硬，硬度仅在金刚石之下。

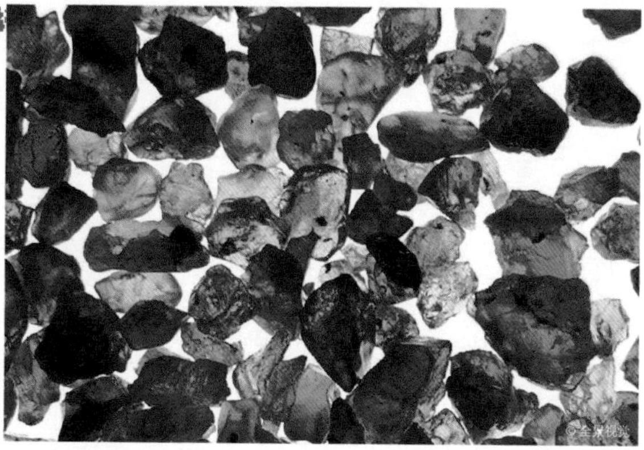

立冬戴红宝石

立冬后，就意味着冬季正式来临，标示秋季少雨干燥气候逐渐过去，气温下降日趋明显，开始趋向阴雨寒冻天气。草木凋零，蛰虫休眠，万物活动趋向休止。在寒冷的天气中，应该驱寒祛湿、温热补益。

季节逐渐转寒，立冬戴红宝石，弥补了身心对生热生干的需求。不仅可以起到很好的御寒作用，还能使身体强健。

· 生热暖身

立冬代表着季节逐渐转寒，人体更加需要生热生干。

红宝石虽然是一种矿物，但是却也有医学上的功效。医书记载，红宝石生干生热，祛寒补心，燥湿补脑，爽神悦志，解癫除郁，滋补神经，解毒明目。 主治湿寒性或黏液质疾病，如寒性心悸、心慌，湿性脑虚，寒性神经衰弱、精神分裂、癫痫及各种中毒性疾病和眼疾等。

· 增强血液循环

天然红宝石是自然的宠儿，吸收了日月精华和天地灵气，能够给佩戴者带来不一样的幸运能量，能够帮助促进佩戴者的血液循环，给佩戴者带来愉悦的心情，还能够给心情郁结的朋友带来快乐，对佩戴者的身心健康都有不可忽视的作用。

·注意搭配

红宝石珠宝不能与菩萨、佛、貔貅等饰品一起佩戴。因为，佛和菩萨都是佛学之物，不能与其他饰品共同佩戴。一旦把佛与其他饰品共同佩戴一起，就会失去了佛的灵性。所以说，红宝石饰品不能与菩萨、貔貅这类的饰品一起佩戴。

·避免和象牙等同时佩戴

红宝石珠宝也不宜与兽牙、皮之类阴气比较重的物品一起佩戴。因为红宝石有着吉祥的寓意，如果与一些阴气重的饰品一起佩戴，会冲淡吉祥。

·注意饮食

佩戴者在饮食上应该有所忌讳。比如不能吃一些野禽或者是蛇肉、狐狸之类比较有灵性的动物。佩戴红宝石饰品如果经常吃这些野禽，会为自己招来邪气和霉运，甚至为招来一些比较大的人身灾害。

人们钟爱红宝石，把它看成爱情、热情和品德高尚的代表，光辉的象征。传说佩戴红宝石的人将会健康长寿、爱情美满、家庭和谐。国际宝石界把红宝石定为“七月生辰石”，是高尚、爱情、仁爱的象征。在欧洲，王室的婚庆上，依然将红宝石作为婚姻的见证。国际宝石市场上把鲜红色的红宝石称为“男性红宝石”，把淡红色的称为“女性红宝石”。男人拥有红宝石，就能掌握梦寐以求的权力，女人拥有红宝石，就能得到永世不变的爱情。

“秋冬养阴”，立冬代表着冬季的到来“势不可挡”。冬季是贮藏食物，身体储藏能量的时节，一颗红宝石像一个小火炉，暖暖地陪伴我们进入寒冬。

立冬纪事

冬雪雪冬小大寒

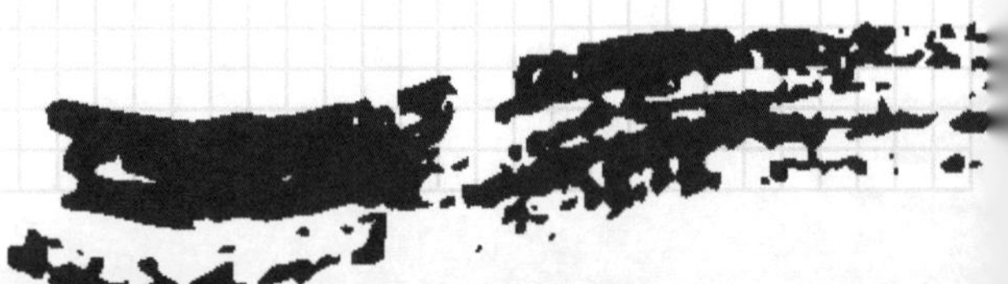

小雪

十一月二十二日至二十三日期间

小雪

地寒未甚而雪未寒也

11月22日至23日期间　小雪

小雪

唐·戴叔伦

花雪随风不厌看，

更多还肯失林峦。

愁人正在书窗下，

一片飞来一片寒。

小雪初晴，飞来寒意。

大地冬眠，小雪初降。满城的楼阁都变成了白玉阑干，天气还不是很冷，一杯暖酒，小雪纷纷。

优质橄榄石呈透明的橄榄绿色，清澈秀丽的色泽十分赏心悦目，象征着和平、幸福、安详等美好意愿。古代的一些部族之间发生战争时常以互赠橄榄石表示和平。在耶路撒冷的一些神庙里至今还有几千年前镶嵌的橄榄石。

[redacted]

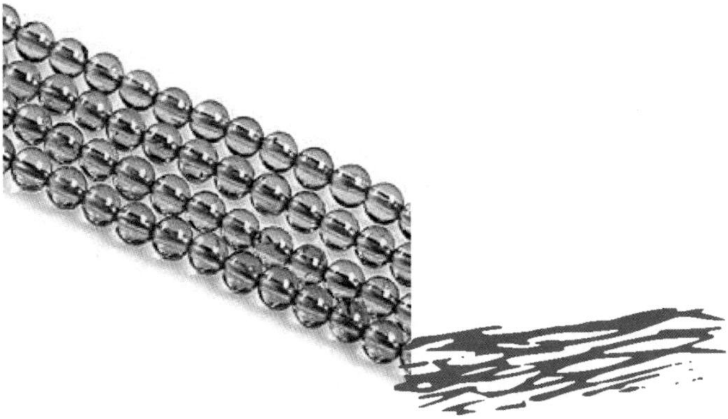

小雪戴橄榄石

小雪时节进入初冬，天气逐渐转冷，地面上的露珠变成严霜，气温急剧下降之后，天气也变得干燥起来，不少人会出现口干、皮肤干燥的症状。橄榄石的绿色能量，能为佩戴者带来如水的清凉与滋润。

· 减轻干渴

古代的医师认为，橄榄石具有的太阳的能量，是治疗肝脏疾病和肌肉运动疾患的良药。将橄榄石磨成粉末，可以入药，用来治疗哮喘病。

· 舒压安眠

通常在小雪节气里，天气阴冷晦暗、光照较少，此时容易引发或加重抑郁烦闷情绪。佩戴橄榄石可以帮助人缓解紧张的情绪，让自己的心情得到很好的平复，当自己因为一些压力而彻夜难眠的时候，可以将橄榄石佩戴在身上，这样一来心情会变得格外好，睡觉也会变得很安心。

· 招财辟邪

橄榄石的绿色光是财富之光，具有吸引财富的能量，非常的适合做生意的佩戴。它能够带来幸运的能量，能够获得贵人的相助或是赢得比较好的机会。而且在古代，它是辟邪的护身符。佩戴它能够防止和避免不好的东西接近，可以去除邪恶，降伏妖术。

·忌碰撞

因橄榄石的脆性很高，并且韧性也比较差，所以尽量要让橄榄石避免高温和撞击。所以尽量不要佩戴橄榄石饰品做一些粗重的活。而在加工橄榄石时也要注意不能在喷灯下工作，因为高温会损坏橄榄石。

·避免酸性物质

佩戴橄榄石时要避免接触酸性物质，更不能把它放入酸性液中进行清洗，因为酸性的物质会损坏橄榄石的表面。在清洗橄榄石时最好选用质地软的刷子，在清水中用肥皂水进行刷洗。

·避免接触洗剂

使用洗洁剂、洗漱或洗澡的时候，记得把饰品摘下来，以免被潮湿水气侵蚀或污染，因为饰品的缝隙和死角是很容易沉积脏污的，尤其是做工复杂的饰品。

橄榄石亦称为“太阳的宝石”，人们相信橄榄石所具有的力量像太阳一样大，可以去除人们对黑夜的恐惧，同时会赐给佩戴的人一种温和的性情、良好的听觉和幸福的婚姻。还可以驱除邪恶，降伏妖术。橄榄石颜色艳丽悦目，给人心情舒畅和幸福的感觉，故被誉为“幸福之石”。

古代的一些部族之间发生战争时常以互赠橄榄石表示和平。在耶路撒冷的一些神庙里至今还有几千年前镶嵌的橄榄石。

“小雪雪满天，来年必丰年。”小雪天气寒冷，橄榄石的太阳力量也许是冬天选择贴身守护宝石的最佳选项。

雪事小纪

冬雪雪冬小大寒

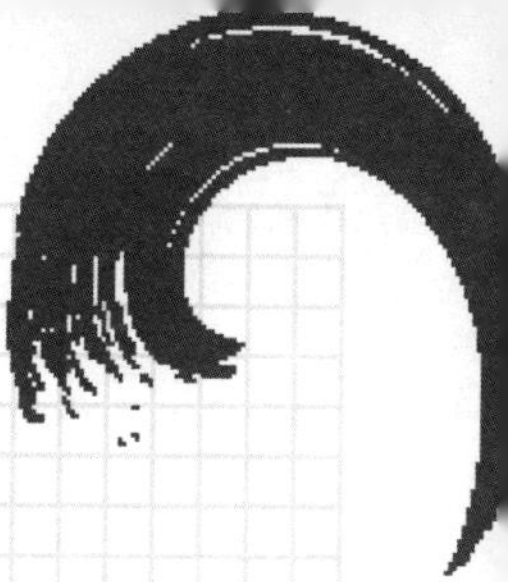

大雪

十二月六日至八日期间

大雪

大者，盛也。至此而雪甚矣

12月6日至8日期间 大雪

幸酉大雪戏成二诗以千山鸟飞绝万径人踪灭为

宋·周麟之

松桂亦华颠，瓦石背玉表，

造物不作难，夜半月出皎。

书窗互照映，翁牖惊易晓。

举头忽弥望，万里绝飞鸟。

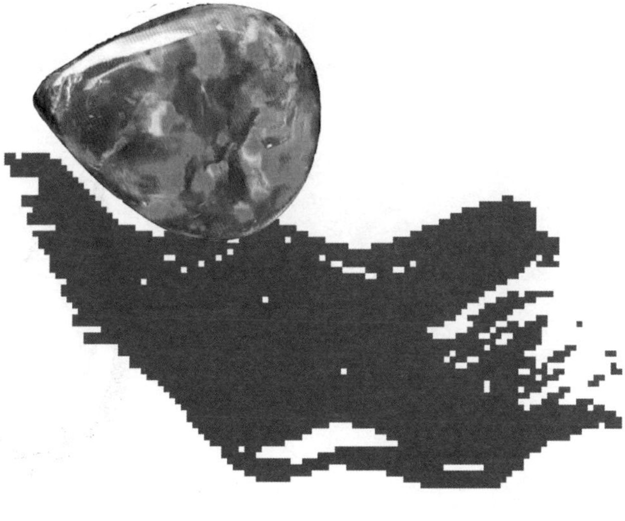

大雪封河，千里冰封。

数九寒冬，冷的刺骨。冬天的寒冷强势占领大地，寒风呼啸，万里雪飘。

欧泊源于拉丁文Opalus，意思是“集宝石之美于一身”。古罗马自然科学家普林尼曾说：“在一块欧泊石上，你可以看到红宝石的火焰，紫水晶般的色斑，祖母绿般的绿海，五彩缤纷，浑然一体，美不胜收。”高质量的欧泊被誉为宝石的“调色板”，以其具有特殊的变彩效应而闻名于世。

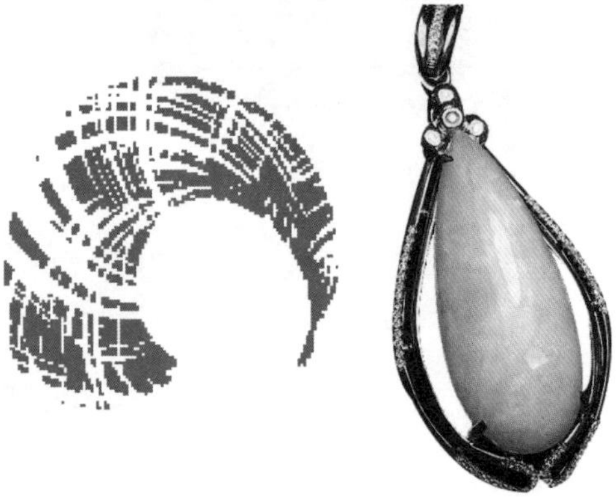

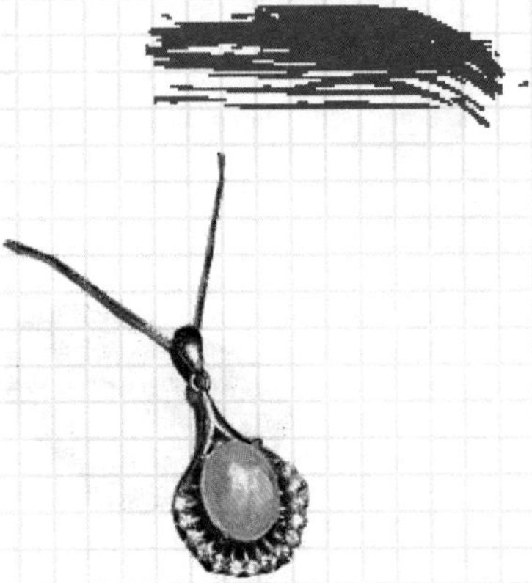

大雪戴欧泊

大雪节气，是驱寒保暖补益的好时节。冬令防寒进补，能提高人体的免疫功能，促进新陈代谢，使畏寒的现象得到改善。欧泊丰富热烈的颜色和火彩能为寒冷萧索冬天里的人们带去温度和希望。

· 平衡磁场

欧泊石能量非常强大，可以通过调节体内的物质代谢，提升体内阳气的升发，驱寒助阳。同时，大雪戴欧泊，还能去除负能量，缓解压力，平衡静心，毕竟欧泊在自然界这个巨大磁场凝聚了数百年，甚至数千年的石头，它的磁场也是非常的强的。磁场强的玉石可以保护人体，可以平衡人体周围的磁场，避开厄运，有一定的调理身体的作用。

· 释放压抑

早先的种族用欧泊石代表具有神奇力量的传统和品质，欧泊石能让它的拥有者看到未来无穷的可能性，欧泊石被人相信可以有魔镜一样的功能，欧泊石可以装载情感和愿望、释放压抑。

· 招财辟邪

佩戴欧泊可以转运辟邪，还可以当作护身符。

·忌碰撞

欧泊质软、韧性差，故易打碎或损坏。因此，必须小心使用与保养。常见的欧泊首饰为胸饰、项饰和耳饰。这些饰物在使用中，应尽量避免与其他珠宝饰物摩擦或碰撞。避免酸性物质。

·易失水

欧泊放在干燥的环境下时间久了，容易失水，从而发生炸裂现象，一般的欧泊展柜里面会放一杯水，其实这就是怕欧泊失水。因此在欧泊石吊坠的日常保养中，要特别注意给欧泊“补水”。

·忌高温

欧泊石是一种含有水的宝石，不仅怕失水还很怕热，因此不要让欧泊石接近高温。尤其是在炎热的夏天，最好不要佩戴欧泊戒指外出，这也是为了防止欧泊石水分流失，使得欧泊石的变彩减少而失去光泽。另外，在洗澡时不要佩戴欧泊戒指去高温的桑拿室。

东方人更尊重欧泊石，把它看作代表忠诚精神的神圣的宝石。Orpheus写到，欧泊石“用欢乐充满了众神的心”。

阿拉伯人相信，欧泊石是从闪闪发光的宇宙掉下来的，这样才获得了它神奇的颜色。在古希腊，它们则被认为拥有给它们主人以预见和预见灵光的力量。约瑟芬皇后有一枚叫作“特洛伊燃烧”的宝石，因其令人眼花缭乱的变彩而得名。嗣后，欧泊石的赞歌不断。

莎士比亚曾在《第十二夜》中写道：“这种奇迹是宝石的皇后。”在《马耳他的珍宝》中珍宝的目录是这样开始的：“袋状火焰欧泊石，蓝宝石和紫水晶；红锆石、黄玉和草绿色绿宝石……”

“小雪封地，大雪封河”，北方的谚语描绘出大雪的严寒。选一颗怕热的欧泊，做茫茫大雪中“色彩担当”。

雪事大纪

冬雪雪冬小大寒

冬至

十二月二十一日至二十三日期间

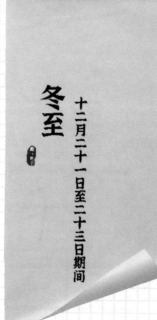

冬至

冬至阳生春又来

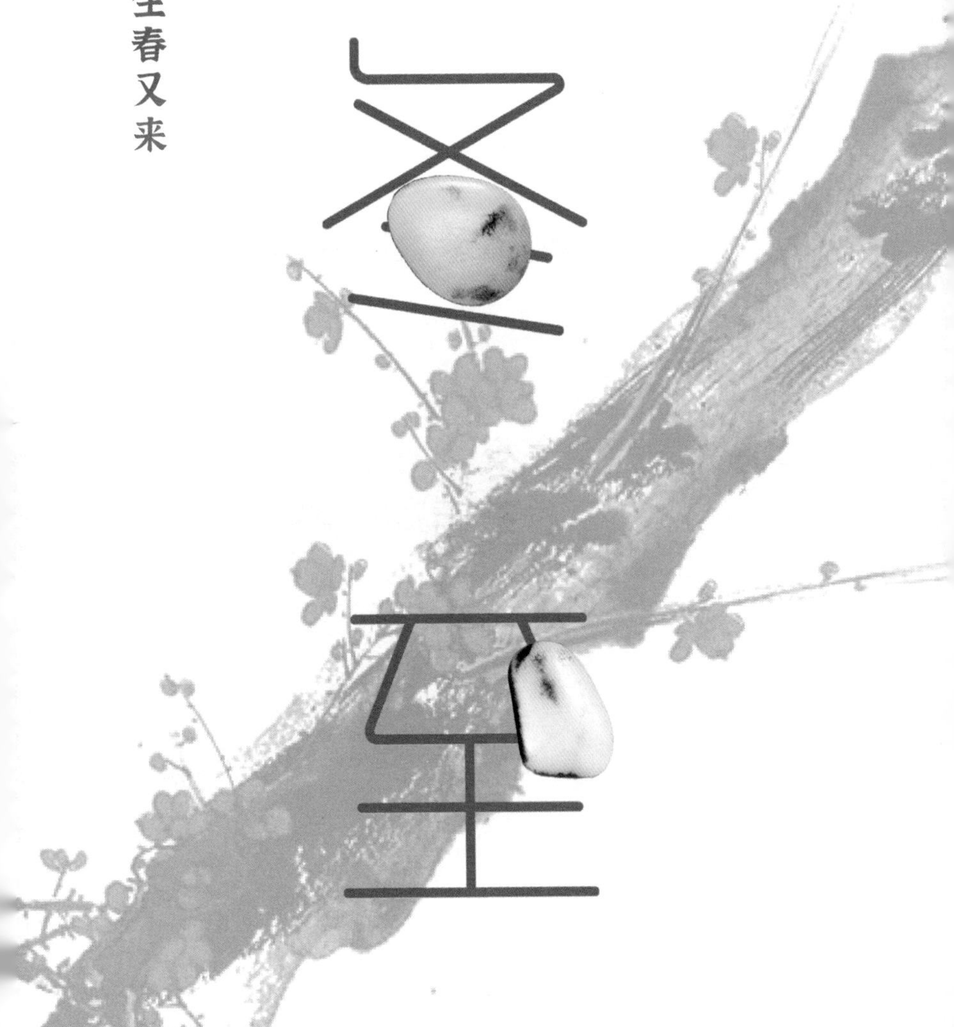

12月21日至23日期间 冬至

冬至

唐·杜甫

年年至日长为客，忽忽穷愁泥杀人。

江上形容吾独老，天边风俗自相亲。

杖藜雪后临丹壑，鸣玉朝来散紫宸。

心折此时无一寸，路迷何处见三秦。

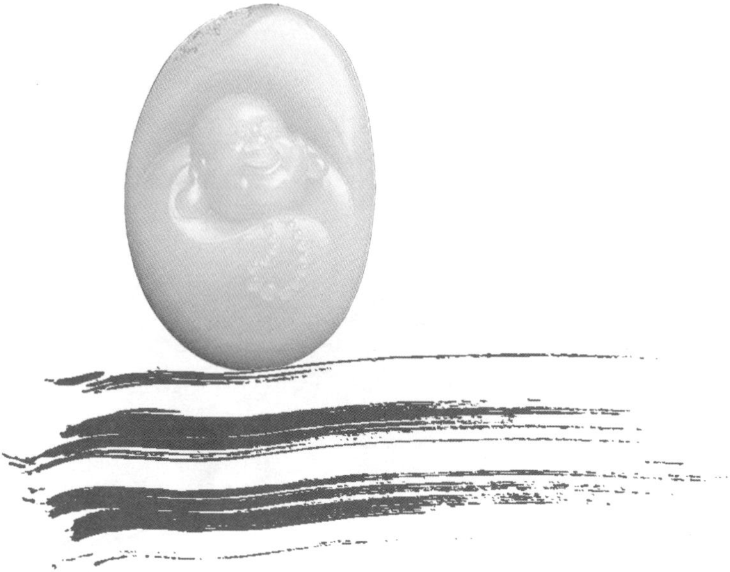

冬至寒雪，北风凛冽。

寒意入骨，冬天已经深了。炉膛里的火苗闪动，伴着窗外寒风，火锅的热气咕嘟咕嘟冒起来了。

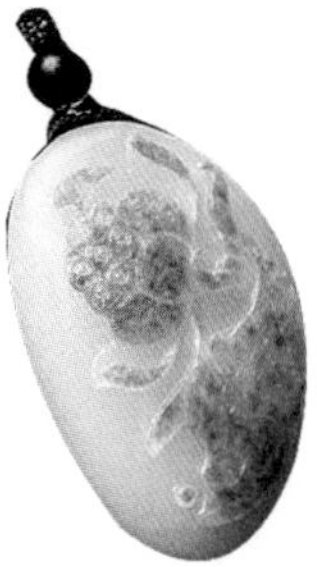

和田玉，“中国四大名玉”之一（其三：第三个为陕西蓝田玉、辽宁岫玉和河南独山玉）。传统狭义范畴特指新疆和田地区出产的玉石，以和田“子料”为代表闻名于世。

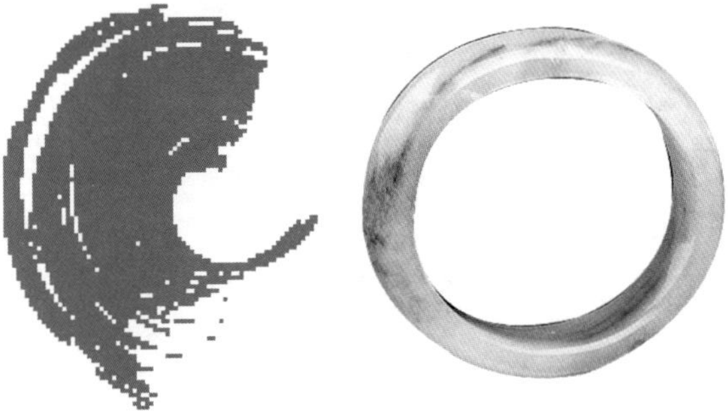

冬至戴和田玉

时至冬至，数九计寒天。阴气至极，阳气渐生，“气始于冬至”，是节气循环的开始。至此，生命活动开始由衰转盛，由静转动。故而应顺应节气，促进周身的循环，冬至戴和田玉就能有效促进血液的循环。

·促进血液循环

和田玉制作成手镯佩戴，因为手镯佩戴在腕部，而腕部是身体血液循环的末端。而回流的血液全凭心脏的压力来实现，因而佩戴和田玉手镯，可以有效促进血液的循环。

·辟邪保平安

冬至时节，民间习俗祭扫。而和田玉可以发出柔和的光泽，能够驱除鬼怪，保佑佩戴者平安。旧时常有人家给自家小孩挂上玉锁、玉佩，就是为了驱除邪魔，保佑孩子平安长大。

·养生康体

中医书上明文记载，和田玉可以“除中热、润心肺、助声喉、滋毛发、养五脏、安魂魄、疏血脉、明耳目”。和田玉中的微量元素在与人体有了长期且紧密的接触后，就会进入人体，从而达到养生、安神的作用。

·忌多次摘戴

一来玉石不经常佩戴不容易滋养上浆，二来玉石摘摘戴戴容易摔碎。

·保持清洁

盘玩和田玉时要注意，保持手部的清洁，否则手上的污染物会随着盘玩而沾染上玉石表面，更甚者会通过毛孔进入玉石内部，所以盘玩前清洁是非常有必要。

·忌撞击

运动时不要佩戴和田玉，因为碰撞、撞击和摩擦都会损坏。

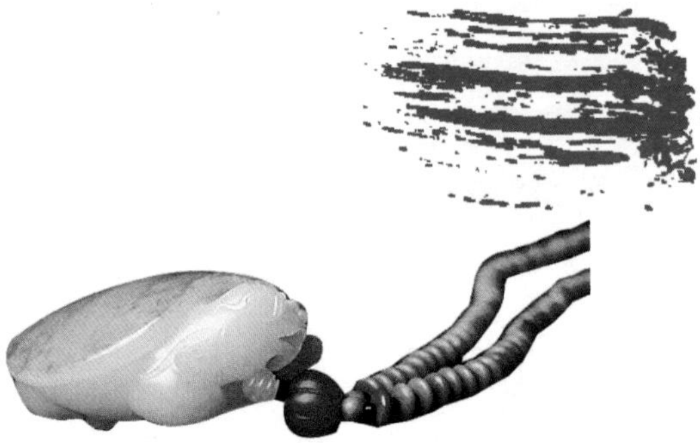

崇尚和田玉的风气在清代达到顶峰，尤以乾隆为甚，其命人雕琢的“大禹治水图玉山”，是中国玉器中用料最多、器型最大、路途最遥远、耗时最久、费用最高的玉雕工艺品，也是世界上最大的玉雕之一 。乾隆挥斥巨资从距北京万里之外的新疆采集重达万斤的巨型玉材，不吝人力、财力历时三年才将其运至内地，在扬州召集各路能工巧匠耗时七年终于雕刻完工。“大禹治水图”玉山，从开采到最后全部完工，历经十余年，所用的工时和造价，已无精确的资料可据，但粗略估算，至少数十万人工，耗白银更是不计其数。

时至冬至，民间便开始“数九”计算寒天了。所谓和田玉暖，寒冬有一块和田玉傍身，也添了一丝暖意。

冬至纪事

冬雪雪冬小大寒

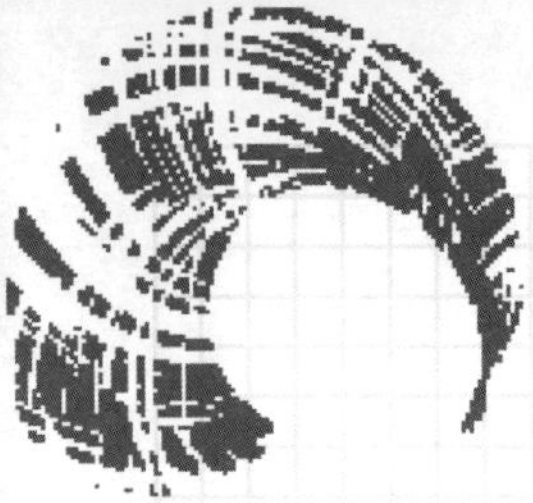

小寒

一月五日至七日期间

冷气积久而寒

小寒

1月5日至7日期间 小寒

遥和康录事李侍御萼小寒食夜重集康氏园林

唐·皎然

习家寒食会何频，应恐流芳不待人。

已爱治书诗句逸，更闻从事酒名新。

庭芜暗积承双履，林花雷飞洒幅巾。

谁见柰园时节共，还持绿茗赏残春。

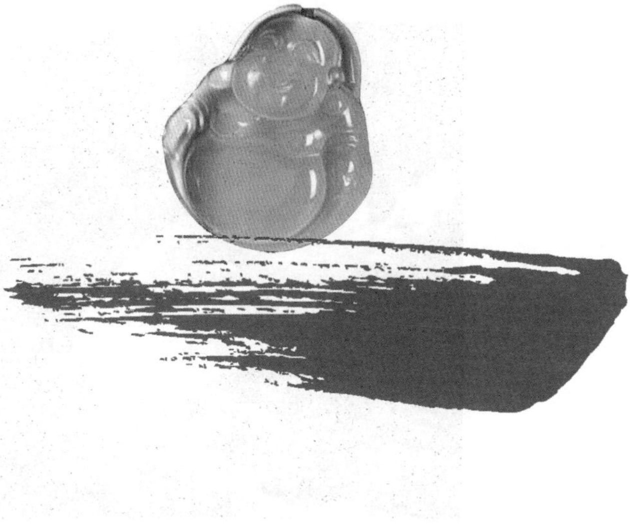

小寒飞雪，北风凛冽。

寒意入骨，冬天已经深了。炉膛里的火苗闪动，伴着窗外寒风，火锅的热气咕嘟咕嘟冒起来了。

玉髓是一种矿物，又名“石髓”，玉髓其实是一种石英的隐晶质体的统称，它是石英的变种。它以乳状或钟乳状产出，常呈肾状、钟乳状、葡萄状等，具有蜡质光泽。

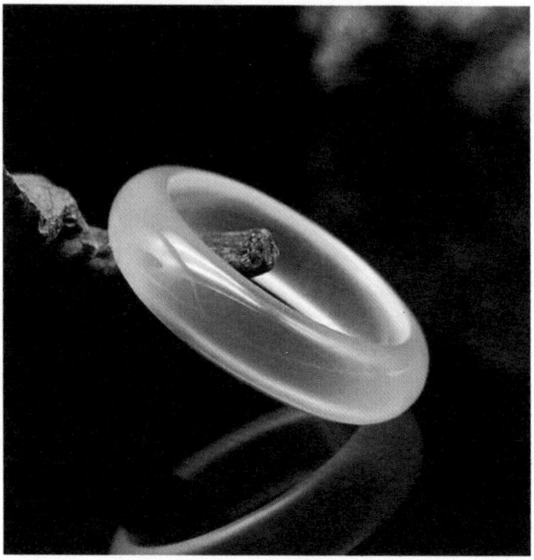

小寒戴玉髓

小寒时节，数九寒天，霜雪交侵，土壤冻结，河流封冻。俗话说："冷在三九"，小寒正处三九前后，其严寒程度可想而知，故也有"小寒胜大寒"之说。

·按摩

中医认为，人体内的血液，得温则易于流动，得寒就容易停滞，所谓"血遇寒则凝"，说的就是这个道理。所以在一年中最寒冷的日子里，一定要做好保暖工作，并加强锻炼，促进血液循环。而小寒戴玉髓，就有一定的按摩作用，减少寒气对血运的影响。玉髓与人体长期接触摩擦，可以起到按摩的作用，促进血液循环，加速新陈代谢，维护人体的免疫力。

·亲水辟邪

古罗马人认为佩戴玉髓可以化煞辟邪，保平安，去除一些负能量的侵扰，对于出门在外的人来说是很好的护身符；玉髓也是月亮的代表，与水有着密切的联系，佩戴于身据说可以防止溺水等意外的发生。

·明目养生

蓝玉髓对眼睛方面的疾病有缓解作用。同时蓝玉髓对应喉轮，喉轮负责我们的沟通和创造力。

·注意失水

纯天然的玉髓都具有散热性，有些品种容易失水，基本经常佩戴的不容易失水，无须经常泡水，其次还会越戴越冰透；但是秋冬季节，北方天气干性又比较少戴的，最佳是按时泡水1~2天，马上又会恢复原来的光泽和水润了。

·忌碰撞

玉髓性脆，忌碰撞。

玉髓是自然界最常见的玉石品种，也是人类历史上最古老的玉石品种之一。玉髓的颜色丰富多彩，有些品种具有奇特的花纹和美丽的图案，令人称奇。而颜色种类中，则是产量稀少的蓝、绿玉髓更具收藏价值。

在中国，自汉代起波斯玉髓传入中国，随着藏传佛教的流入，玉髓也变成了佛教文明的一种体现，中国佛教对于玉髓的魔力深信不疑，因此很多佛珠都是用玉髓制作。而明清时期，玉髓雕刻也开始盛行，在朝珠上，鼻烟壶或者是其他器具中经常会看到玉髓的存在。

小寒严冬，寒风阵阵。但同时也不要忘记冬季是补身康体的好时节，玉髓的养生功效正好给冬季养生助力。

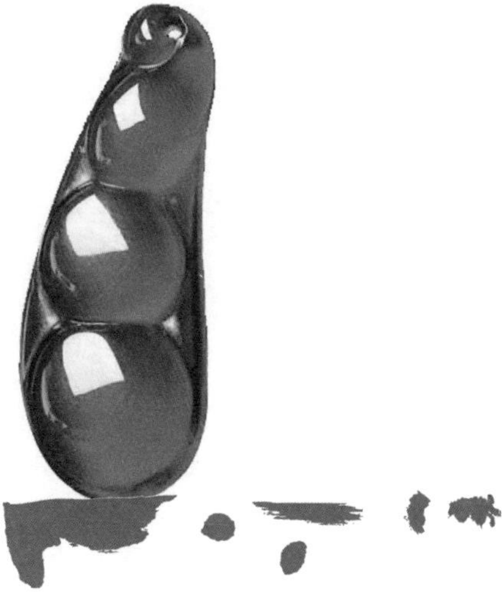

寒事小纪

冬雪雪冬小大寒

大寒

一月二十日至二十一日期间

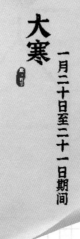

寒气之逆极

1月20日至21日期间　大寒

和贾魏公冬大雪诗

宋·潜说友

海水飞花到上林，

气形和处总由心。

采薇指日休兵甲，

宿麦连云办辇径。

炽炭酒行怀往昔，

老枚诗句诏来今。

燮调妙用谁知用，

端在崇阳与抑阴。

大寒冰冻，寒气逆极。

一年中最后一个节气到来了，大寒的到来也代表着冬天就快过去了。

祖母绿被称为绿宝石之王，与鲜红色的乌兰孖努同样稀有，国际珠宝界公认的四大名贵宝石之一（红蓝绿宝石以及钻石）。因其特有的绿色和独特的魅力，以及神奇的传说，深受西方人的青睐。

大寒戴祖母绿

·促进新陈代谢

有安神的作用，可以舒缓人的紧张情绪，保持愉悦轻松的心情，拥有开阔的胸怀。小寒大寒，无风自寒。同时其内部含有大量微量元素，在长期佩戴的过程中可以被人体不断吸收，促进新陈代谢，起到很好的养生效果。

·安神静心

冬三月是生机潜伏、万物蛰藏的时令，此时人体的阴阳消长也处于相当缓慢的时候。大寒，要着眼于“藏”。意思是说，人们在此期间要控制自己的精神活动，保持精神安静，把神藏于内不要暴露于外，这样才有利于安度冬季。所以此时不要轻易扰动阳气，要使神志深藏于内，避免急躁发怒。

·恢复眼力

有恢复眼力的作用，只要目不转睛地瞪着祖母绿，就能使眼睛更舒适和敏锐，还可以治疗眼疾。传闻蛇如果直视祖母绿，它的眼睛会变瞎，所以祖母绿有防蛇的功效。

·按摩

增强人类的记忆力和预知能力，只要将祖母绿含在舌头下，便能令人思维敏捷及超自然地预知未来。拥有祖母绿的女性还可以获得美满安定的婚姻生活，妇女们若佩戴它，会免受癫痫等疾病的滋扰。

·忌油烟

祖母绿对油烟“过敏”，长时间放在烟熏的地方，会侵蚀宝石，让宝石表面光泽受损。所以，在做饭炒菜或者有油烟的地方，不要佩戴祖母绿饰品。

·避免化学接触

要用温水清洗祖母绿，不能用含有酒精、碱、酸、乙醚等的液体清洗。否则容易破坏羽裂中的充填物质，让其透明度变低。

·忌高温

在温度太高的地方，要避免佩戴祖母绿首饰，否则那些经过浸油的祖母绿会出现瑕疵。太热的温度会让宝石内部发生裂纹或者出现扩大内部原有包体的情况。

祖母绿自古就是珍贵宝石之一。相传距今6000年前，古巴比伦就有人将之献于女神像前。在波斯湾的古迦勒底国，女人特别喜爱祖母绿饰品。几千年前的古埃及和古希腊人也喜用祖母绿做首饰。中国人对祖母绿也十分喜爱。明、清两代帝王尤喜祖母绿。明朝皇帝把它视为同金绿猫眼一样珍贵，有“礼冠需猫睛、祖母绿”之说。明万历帝的玉带上镶有一特大祖母绿，现藏于明十三陵定陵博物馆。慈禧太后死后所盖的金丝锦被上除镶有大量珍珠和其他宝石外，也有两块各重约5钱的祖母绿。

大寒分为三候：“一候鸡乳；二候征鸟厉疾；三候水泽腹坚。”可见大寒时节气温极低，佩戴祖母绿在气温极低时也能养生补体，为来年开春做好积蓄。

大寒纪事

冬雪雪冬小大寒

中文名	珍珠
别　称	真朱，真珠，蚌珠，珠子，濂珠
结晶状态	无机成分：斜方晶系（文石），三方晶系（方解石），呈放射状集合体 有机成分：非晶质体
化学成分	无机成分：$CaCO_3$，文石为主，少量方解石 有机成分：蛋白质等有机质，主要元素为C、H、O、N
颜　色	无色至浅黄、粉红、浅绿、浅蓝、黑等色
光　泽	珍珠光泽
透明度	不透明
摩氏硬度	2.5~4.5
矿物密度	天然海水珍珠：2.61 g/cm^3～2.85 g/cm^3 天然淡水珍珠：2.66 g/cm^3～2.78 g/cm^3，很少超过2.74 g/cm^3
折射率	点测法为1.53～1.68，常为1.53～1.56

中文名	青金石
别　称	璆琳、金精、瑾瑜、青黛
结晶状态	晶质集合体，常呈粒状、块状集合体。
晶　系	等轴晶系
光　性	二轴晶正光性或负光性
化学成分	$(Na,Ca)_{7}\sim_{8}(Al,Si)_{12}(O,S)_{24}[SO_4,Cl_2(OH)_2]$
颜　色	中至深微绿蓝、紫蓝色，常有铜黄色黄铁矿、白色方解石、墨绿色透辉石、普通辉石的色斑。
光　泽	玻璃光泽至蜡状光泽
透明度	半透明至不透明
摩氏硬度	5~6
矿物密度	2.75（±0.25）g/cm^3
折射率	通常为1.50，有时因含方解石，可达1.67

中文名	碧玺
别　称	碧洗、电气石、托玛琳
结晶状态	晶质体
晶　系	三方晶系
光　性	一轴晶负光性
化学成分	$(Na,K,Ca)(Al,Fe,Li,Mg,Mn)_3(Al,Cr,Fe,V)_6(BO_3)_3(Si_6O_{18})(OH,F)_4$
颜　色	各种颜色，同一晶体内外或不同部位可呈双色或多色
光　泽	玻璃光泽
透明度	透明至半透明
摩氏硬度	7~8
矿物密度	3.06(+0.20,-0.60)g/cm^3
折射率	1.624～1.644(+0.011,-0.009) 双折率0.018～0.040

中文名	和田玉
别　称	软玉
结晶状态	晶质集合体，常呈纤维状集合体
化学成分	$Ca_2(Mg,Fe)_5[Si_8O_{22}](OH)_2$
颜　色	浅至深绿、黄至褐、白、灰、黑等色
光　泽	玻璃光泽至油脂光泽
透明度	半透明至不透明
摩氏硬度	6.0~6.5
矿物密度	2.95(+0.15,-0.05)g/cm³
折射率	1.606~1.632(+0.009,-0.006) 点测法常为1.60~1.61

中文名	玉髓
别　称	石髓
结晶状态	隐晶质矿物
化学成分	石英：SiO_2，可含Fe、Al、Mg、Ca、Na、K、Mn、Ni、Cr等元素
颜　色	各种颜色
光　泽	玻璃光泽至油脂光泽
透明度	半透明至不透明
摩氏硬度	5~7
矿物密度	2.50 g/cm³ ~2.77 g/cm³
折射率	1.535~1.539 点测法常为1.53~1.54

中文名	祖母绿
结晶状态	晶质体
晶　系	六方晶系
光　性	一轴晶负光性
化学成分	$Be_3Al_2(SiO_3)_6$，含Cr，也可含Fe、Ti、V等元素
颜　色	浅至深绿、蓝绿和黄绿色
光　泽	玻璃光泽
透明度	透明
摩氏硬度	7.5~8
矿物密度	2.72（+0.18，-0.05)g/cm³
折射率	1.577～1.583（±0.017) 双折射率：0.005～0.009